园林植物景观设计与养护管理

姜新功　程小静　周绍喜　主编

延吉·延边大学出版社

图书在版编目（CIP）数据

园林植物景观设计与养护管理 / 姜新功，程小静，
周绍喜主编. -- 延吉 ： 延边大学出版社，2024. 7.
ISBN 978-7-230-06810-9

Ⅰ. TU986.2

中国国家版本馆CIP数据核字第2024VZ4483号

园林植物景观设计与养护管理

YUANLIN ZHIWU JINGGUAN SHEJI YU YANGHU GUANLI

主　　编：姜新功　程小静　周绍喜
责任编辑：娄玉敏
封面设计：文合文化
出版发行：延边大学出版社
社　　址：吉林省延吉市公园路977号　　　　邮　　编：133002
网　　址：http://www.ydcbs.com　　　　E-mail：ydcbs@ydcbs.com
电　　话：0433-2732435　　　　传　　真：0433-2732434
印　　刷：三河市嵩川印刷有限公司
开　　本：710mm×1000mm　1/16
印　　张：18
字　　数：300 千字
版　　次：2024 年 7 月 第 1 版
印　　次：2024 年 7 月 第 1 次印刷
书　　号：ISBN 978-7-230-06810-9

定价：90.00元

前　言

随着城市建设进程的加快，加上全国很多地方都在争创园林城市和生态城市，我国的园林产业发展迅猛，园林绿化建设得到了广泛关注。园林绿化建设不仅促进了生态环境的改善，还满足了人们对居住环境的需求。但园林景观工程的发展是一个长期而系统的过程，相关人员需要在实践中不断总结经验和教训，进一步完善和创新管理模式和技术手段。

园林植物景观的设计与养护管理是保证景观质量的关键环节，只有做好设计和养护管理这两个方面的工作，才能确保园林景观工程高质量和高效益。

本书第一章对园林植物景观进行了概述，第二章介绍了园林植物景观设计的原理，第三章介绍了园林植物景观设计的内容和方法，第四章介绍了园林景观要素与植物配置，第五章对园林植物造景进行了分析，第六章介绍了园林植物的生长发育规律，第七章重点讨论了园林植物病虫草害防治，第八章介绍了园林树木的养护管理，第九章介绍了园林草坪、花坛的养护管理，第十章介绍了园林其他绿化植物养护管理。其中，姜新功负责前四章的编写工作，共计 10 万字；程小静负责第五章至第七章的编写工作，共计 10 万字；周绍喜负责第八章至第十章的编写工作，共计 10 万字。

在撰写本书的过程中，笔者得到了许多专家、同人的指导和帮助。同时，笔者也参考了有关专家、学者的研究成果，在此一并对其表示感谢。由于时间仓促，笔者掌握的资料未必全面，加之笔者水平有限，书中若有不足之处，敬请广大读者批评指正。

笔者

2024 年 6 月

目　　录

第一章　园林植物景观概述

第一节　园林植物景观的
概念和特点

园林植物在园林景观设计中具有重要作用，除了可以营造优美的景观，还具有重要的生态作用。一个优秀的景观设计，除了能够带给人们美的视觉享受，还有其自身的生态价值。作为园林的重要组成要素，植物景观的设计效果直接影响到山、水、建筑的融合效果。中国传统植物景观设计形色流动，充分体现了园林艺术的韵味与意境。

一、园林植物景观的概念

园林植物也叫观赏植物，通常指人工栽培的，可应用于室内外环境布置和装饰的，具有观赏、组景、分隔空间、装饰、庇荫、防护、覆盖地面等用途的植物总称。

自然植物景观主要是指由自然界的植物群落、植物个体所表现出来的形象，这一形象通过人的感官传到大脑皮层，会产生一种实在的、美的感受和联想。完整的植物景观由不同的植物组合而成。除自然植物景观之外还有人工植物景观，即人们运用植物题材进行创作的景观。

园林植物景观是在园林环境中，通过人工栽培植物群落，以及园林植物个体的观赏特性，使人产生美的感受和联想的植物景观。受不同地区气候、土壤及其他自然条件的制约，再加上当地政治、经济、文化等因素的影响，园林植物景观具有不同的地方风格。

改革开放以来，随着国家经济实力的提升，人们的环保意识不断增强，园林建设日益受到重视。植物景观被誉为城市"活"的基础设施，各地纷纷创建园林式城市，努力提高绿地率和人均绿地率。此外，园林项目也逐渐向国土治理靠近，如沿海地区盐碱地绿化、废弃的工矿区绿化、湿地保护及治理等。

二、园林植物景观的特点

植物是有机生命体，这就决定了园林植物景观在满足人们观赏需求的同时，与建筑、园林小品等硬质景观存在本质的区别。

（一）景观的可持续性

植物生长状况直接影响园林植物景观的建设效果。相关人员要依据当地的土壤、水分、光照等环境条件，以及植物与其他生物的关系，合理安排绿化用地及配置植物。植物自身以及合理的植物群落具有防风固沙、降噪除尘、吸收有害气体、杀菌抗污、净化水体、涵养水源及保护生物多样性等功能，而这些功能随着时间的推移会逐步得到强化。因此，科学的园林植物景观设计有利于生态系统的长期稳定，在满足人们休闲、游憩、观赏需要的同时，能够促进人、城市与自然的持续共生和发展。

（二）景观的时序性

植物自身的年生长周期决定了园林植物景观具有很强的自然规律性，其季相变化具有"静中有动"的特点。不同的植物在不同的时期具有不同的景观特色。一年四季，叶、花、果的形状和色彩随季节变化而变化，表现出植物特有的季节性特征，如春季山花烂漫、夏季荷花映日、秋季硕果满园、冬季蜡梅飘香等。

在不同的地区或气候带，植物季相表现的时间不同，如北方的春色季相一般比南方出现得迟，秋色季相则比南方出现得早。专业人员可以人工控制某些季相变化，如引种驯化、花期的促进或延迟等，合理配置不同观赏时期的植物，人为地延长甚至控制园林植物景观的观赏期。

（三）景观的生产性

园林植物景观的生产性可理解为园林植物景观具有提供满足人们物质生活需要的原料或产品的功能，如提供药业、工业原料及枝叶工艺产品等。油菜花海、麦浪、金色稻田风光是人们比较熟悉的农田景观，此类作物景观即可体现景观的生产性。观光农业是目前能够体现园林植物生产功能的产业之一，是农业、园林业、旅游业三大行业交叉的产物，能将景观、生产、经济融为一体。

（四）景观的社会性

园林植物景观的社会性指的是园林植物景观具有康复保健、丰富人类文化生活等功能。

在现代城市中，园林植物景观享有"城市绿肺"的美誉。园林绿地设计尤其重视"植物氧吧"建设，不仅是因为植物自身有提供氧气、净化空气的功能，丰富的植物群落更具有造福人类的功能。研究表明，人们在观赏花木时，不同颜色、形态的植物会给人们带来不同的视觉刺激。植物的质感，包括其叶片、枝干、果实等的硬度、粗糙度、光滑度等，都能给人带来不同的触觉体验。这些触感体验不仅丰富了人与自然的互动方式，还对人的心理和情感产生着微妙的影响。

园林植物景观不是孤立存在的，必须与其他景观要素，如水体、园路、建筑等结合起来，这样才能营造有助于人与自然和谐共处的可持续发展的绿色景观空间。

3

第二节　园林植物景观的
重要性及功能

　　所谓"庭院无石不奇，无花木则无生气"，植物的作用日益受到人们的关注。植物景观在人化的第二自然中已成为造景的主体，植物景观配置成功与否将直接影响环境景观的质量及艺术水平。植物作为活体材料，在生长发育过程中呈现出鲜明的季节性特征，其兴盛、衰亡有规律可循。如此丰富多彩的植物材料，为园林景观设计提供了丰富的素材。

　　园林植物是园林景观的要素之一，园林景观能否具有美观、实用、经济的效果，很大程度上取决于园林植物的配置是否合理。

一、园林植物景观的重要性

（一）协调园林空间

　　园林植物景观可以充当园林空间的协调者，因为植物的基本色彩是绿色，它使园林形成统一的空间环境色调，在变化多样中获得统一感，也使人们在绿色的优美环境中感到轻松与舒适。另外，园林空间无论是大是小，适当地利用植物材料往往能够使空间更为协调，如大空间选用体型高大的树种或以植物群体造景，小空间则选用体型较小的树种，便可满足空间比例、尺度协调的要求。

（二）丰富园林空间

　　园林植物景观多种多样的配置方式可满足园林不同空间风景构图的要求。例如，采用三五成丛的自然式种植形式，有利于表现自然山水的风貌；采用成行成排的规则式种植形式，则有利于协调规整的建筑环境。宽阔的草坪，大色块、对比色处理的花丛、花坛，可以营造明快的空间气氛；而林木夹径、小色块、类似色处理的花境，则更容易表现幽深、宁静的山林野趣。

（三）创造园林空间

园林中不同的植物配置形式，能构成多样化的园林观赏空间，达到不同的景观效果。如果没有花草树木，园林中的山水、建筑以蓝天为背景，就会显得过分开阔、暴露，毫无情趣可言。用植物作背景，限定某一个景区，则能在建筑与山水周围营造一种宜人、宁静的空间环境。

在园林植物景观设计中，设计者可根据设计目的和空间性质（开阔、封闭、隐蔽等），相应地选取各类植物来组成不同的空间。例如，高大的树木不仅能创造幽静、凉爽的空间环境，还能创造出富于变化的光影效果；浓郁的树木可以作为建筑与山水的背景，而树冠的起伏层叠又能给园林空间带来丰富的变化；层次深远的林冠线打破或遮蔽了由建筑物顶部与园林界墙所形成的单调的天际线，使园林空间更富于自然情调。

（四）创造良好的生态环境

各种园林植物景观具有不同的生物学特性和生态学特征，能适应和利用不同的环境条件。例如，可在墙阴处栽植耐寒植物，如女贞、竹子等；背阴且能略受阳光之地，可栽植桂花、山茶之类的植物；阶下石隙中可栽植常绿的阴性草，如沿阶草、书带草等；池沼、洼地边缘则可点缀垂柳；向阳处可种植牡丹。这些植物不仅能为园林增色添彩，还能在很大程度上优化生态环境。

（五）体现园林的景观主题

园林的景观主题可以通过具体的园林植物来体现。园林植物景观常常由一种或几种特定的乔木、灌木等构成，进而形成一种独特的风格。若继续延伸园林景观主题的内涵，可形成一种文化与精神特征。

二、园林植物景观的功能

（一）时序表达功能

植物会随着季节的变化表现出不同的季相特征：春季繁花似锦，夏季绿树成荫，秋季硕果累累，冬季枝干遒劲。这种盛衰荣枯的生命节律，为创造园林四时演变的时序景观提供了条件。根据植物的季相变化，相关人员可把不同花期的植物搭配起来种植，使同一地点在不同时期形成某种特有景观，给人以不同的感受，让人体会时令的变化。工作人员要利用园林植物表现时序景观，就必须对植物的生长发育规律以及四季的景观表现有深入的了解。

自然界花草树木的色彩变化是非常丰富的：春天开花的植物最多，加之叶、芽萌发，给人以山花烂漫、生机盎然之感；夏季开花的植物也较多，但更显著的季相是绿荫匝地，草木茂盛；金秋时节开花植物较少，却也有丹桂飘香、秋菊傲霜，而丰富多彩的秋叶、秋果更使秋景美不胜收；隆冬时节草木凋零、山寒水瘦，呈现的是萧条悲壮的景色。四季的交替使植物呈现不同的季相，而把植物的不同季相应用到园林艺术中，就构成了四时演替的时序景观。

园林植物随着季节变化表现出的季相变化，是园林植物景观最为生动的、直观的变化。因此，通常不宜单独将季相景色作为园景中的主景。为了加强季相景色的效果，应成片、成丛地种植，同时也应提供一定的辅助观赏空间，避免游人过于拥挤，处理好季相景色与背景或衬景的关系。

在城市景观中，植物是季相变化的主体，季节性的景观体现在植物的季相变化上。现代城市园林景观是人们感受最为直接的景致，也是能使人们感受到生命变化的风景，其景观的丰富程度会对人们的生活产生深远影响。

（二）空间构筑功能

在园林景观的营造过程中，植物是空间结构的主要组成成分。枝繁叶茂的高大乔木可视为单体建筑；各种藤本植物爬满棚架及屋顶，绿篱整形修剪后颇似墙体；平坦、整齐的草坪铺展于水平地面。由此可见，植物也像建筑、山水一样，具有构成空间、分隔空间、引起空间变化的功能。

室外环境的布局与设计中，可以利用植物、建筑、地形、山石和水体来组织空间。植物能充当构成要素，成为室外环境的空间围合物，像建筑的地面、顶棚、围墙、门窗一样来限制和组织空间，形成不同的空间类型。植物除作为空间结构的主要组成成分外，还能使环境充满生机和美感。

在营造园林景观时，工作人员可通过改变人们的视点、视线、视境而产生"步移景异"的空间景观变化。在造园过程中，工作人员往往是根据空间的大小，运用植物组合来划分空间，即通过配置不同种类、姿态、株数的树木来组织空间景观。

一般来讲，植物布局应做到疏密错落。在有景可借的地方，植物配置要以不遮挡景点为原则，树木要栽得稀疏，树冠要高于或低于游人的视线以保持较好的透视性。对视觉效果差、杂乱无章的地方要用植物材料加以遮挡；而对于大片的草坪或地被植物来说，四面没有高出游人视平线的屏障物，常令人视野开阔，心旷神怡。

而用高于游人视平线的乔灌木营造的围合与闭锁空间，其仰角越大，闭锁性也就越强。闭锁空间适于营造观赏近景，感染力强，景物清晰，但由于视线闭塞，游人容易产生视觉疲劳。所以，在园林景观设计中，设计者既要用植物营造开阔的空间景观，又要营造闭锁的空间景观，使这两者巧妙衔接，相得益彰，从而使游人既不感到单调，又不觉得疲劳。

（三）艺术功能

园林艺术就像绘画和雕塑艺术一样，可以在多方面对人产生巨大的感染力。植物种植艺术虽然是一种视觉艺术，但它也能给人带来嗅觉、听觉、触觉等多方面的感受。合理利用园林植物既可以创造景观，也可以烘托构筑物、衬托雕塑等园林小品。

园林植物作为营造园林景观的主要材料，本身具有独特的姿态、色彩、风韵之美。不同的园林植物形态各异，变化万千，既能孤植展示个体之美，又能按照一定的配置方式呈现群体美，还可根据各自的生态习性合理安排，巧妙搭配，营造出乔、灌、草结合的群落景观。不同的植物具有不同的景观特色：棕榈、槟榔等植物展现的是一派热带风光；雪松、悬铃木与大片草坪构成的疏林草地展现的是欧陆风情；而竹径通幽、梅影疏斜表现的是中国传统园林的清雅之情。

我国有很多歌咏植物的优美篇章，这些篇章为各种植物赋予了人格化的特征，从欣赏植物的形态美升华到欣赏植物的意境美，达到了天人合一的理想境界。在利用园林植物进行意境创作时，人们可借助植物抒发情怀，寓情于景，情景交融。

（四）生态功能

园林植物对保护城市的生态环境有一定的促进作用。随着时代的发展，环境污染越来越严重，植物净化空气、保持水土、涵养水源、调节气候等生态功能备受重视。因此，在有限的城市绿地空间中，尽可能多地营造植物群落景观是改善城市生态环境的重要手段之一。

园林植物景观是绿色基础设施的有机主体，具有较高的生态效益，如调节温度和空气湿度、制造氧气、保持水土、降噪、吸滞尘埃及有毒气体、杀菌保健等。城市绿地改善生态环境的功能是通过园林植物的生态效益来实现的。多种多样的植物材料组成了层次分明、结构复杂、稳定性较强的植物群落，使得城市绿地在防风、防尘、降低噪声、吸收有害气体等方面的能力明显增强。

例如，相关数据显示，城市绿化区域较非绿化区域，夏季温度低 3～5 ℃，冬季温度则高 2～4 ℃。绿地上空的湿度一般比无绿地上空的湿度高出 10%～20%。雪松、广玉兰、樟树等乔木，圆柏、夹竹桃、珊瑚树等灌木，马蹄金、麦冬、狗牙根等地被植物是配置降噪植物群落的优良材料。因此，在有限的城市绿地空间营造丰富的植物群落，是改善城市环境、建设生态园林的必由之路。

随着生态园林理念的发展，以及景观生态学等多学科知识的引入，植物景观的内涵不断丰富。在营造园林景观时，人们不再仅仅利用植物营造体现视觉艺术效果的景观，而是从传统的游憩、观赏功能出发，利用园林植物维持生态平衡，保护生物的多样性。

园林植物的生态功能主要体现在以下方面：

第一，园林植物的首要生态功能就是制造氧气，可为人们提供有益的锻炼环境。特别是具有保健功能的植物，如银杏、松柏、香樟、桂花等树种，再结合树林中起伏的地势，可使游人在林中上下走动的同时，尽情呼吸树木释放的氧气；雨林、雾林更能产生丰富的负离子，这些负离子有颐神养性、疗养保健的作用。

第二，园林植物可营造森林的氛围，构建人与自然和谐共存的环境。以森林湿地为例，可营造有益于两栖类动物和昆虫的栖息环境，在湿地中种植多种湿生植物，如芦苇、菖蒲等，放养两栖类动物（如青蛙），再在草丛中放养益虫，既能逐步实现生物的多样性，又能创造出极富自然野趣的园林景观。在公园内，可适当配置鸟嗜植物与蜜源植物，如侧柏、紫荆、桑、枸杞、枇杷、国槐等，并在树上安置巢穴，吸引鸟类，这样人们就能更好地贴近自然、享受自然。

（五）文化功能

植物作为园林的主要构成要素，不但能起到美化环境、表达艺术主题、构成空间等作用，还是某种文化符号，能传递设计者所寄予的思想感情。在漫长的植物栽培历史中，植物与人类的关系十分密切，加之与各地文化相互影响、相互融合，逐渐衍生出与植物相关的文化体系，即通过植物这一载体，不同时代的人们能表达出不同的价值观念、哲学意识、审美情趣、文化心态等。这种文化功能在中国古典园林中表现得最为突出。深刻的文化内涵、意境深邃的植物配置手法是中国古典园林闻名于世的鲜明特色。

受儒家文化"君子比德"思想的影响，中国古典园林，特别是江南私家园林的园主或文人墨客常常结合自己的亲身感受、文化修养、伦理观念，以及植物本身的生态习性等，赋诗感怀，各抒己见，极大地丰富了植物本身的文化色彩。不同植物被赋予不同的情感内涵，如牡丹一向是富贵的象征，杏花意寓幸福，木棉是英雄树，柳树代表依依惜别，桃李象征门徒众多等。

植物的文化内容还可以通过匾额、楹联、诗文、碑刻等形式来表现。游人欣赏眼前的物象，通过形象思维展开自由想象，进而精神得到升华，达到"象外之象""景外之景""弦外之音"的高深境界。例如，拙政园的荷风四面亭，坐落在园林中部的池中小岛上，四面环水，莲花亭亭净植，岸边柳枝婆娑。亭中抱柱联为"四壁荷花三面柳，半潭秋水一房山"，造园者巧妙地利用楹联点出了此园主题。无论在哪个季节，拙政园都能使人沉浸在"春柳轻，夏荷艳，秋水明，冬山静"的意境之中。

总之，在营造景观的过程中，植物的多种功能往往是互相渗透的。例如，人们可利用既有较高观赏价值又能净化水质的水生植物，营造出景观价值和生态意义俱佳的环境景观。再如，攀缘植物在城市中的应用，使得绿色在三维空间中得以延伸，既能调节城市气候，减少热辐射，同时也可以美化城市环境。

第三节　园林植物景观
设计发展简史

　　园林植物景观设计是园林总体设计中一个重要的单项设计。园林植物与山石、地形、建筑、水体、道路、广场等其他园林构成元素之间互相配合、相辅相成，共同完善和深化园林总体设计。

　　对园林植物景观设计，目前国内外尚无明确的概念，但与其相关的名词有很多，如植物配置、植物造景等，虽然内容都与园林植物景观设计有关，但还是有所差异，主要表现在侧重点不同。

　　《中国大百科全书·建筑 园林 城市规划》中有："植物配置是按植物的生态习性和园林布局要求，合理配置园林中各种植物（乔木、灌木、花卉、草皮和地被植物等），以发挥它们的园林功能和观赏特性。"

　　苏雪痕在《植物造景》一书中指出："顾名思义，植物造景就是应用乔木、灌木、藤本及草本植物来创造景观，充分发挥植物本身形体、线条、色彩等自然美，配植成一幅幅美丽动人的画面，供人们观赏。"

　　上述两个概念的共同点都是把植物材料进行安排、搭配，以创造植物景观。而设计，指在正式做某项工作之前，根据一定的目的或要求预先制定图样等。综上所述，园林植物景观设计的概念可以描述为：根据园林总体设计的布局要求，运用不同种类的园林植物，按照科学性和艺术性的原则，合理布置安排各种植物类型的过程与方法。

　　成功的园林植物景观设计既要考虑植物自身的生长发育规律、植物与生存环境及其他物种之间的生态关系，又要满足景观功能需要，符合园林艺术构图原理及人们的审美需求，创造出各种优美、实用的园林空间环境，以充分实现园林的综合功能，尤其是生态功能，使人居环境得以改善。

一、西方园林

在西方，园林随着时代的发展而不断演变，经历了古代园林、中世纪园林、文艺复兴时期园林、勒诺特尔式园林、风景式园林、风景园艺式园林和现代园林等阶段。

在这个漫长的演进过程中，植物景观的主要功能和主要设计手法也在不断地发生变化，其功能概括起来主要有以实用园为设计手法的生产功能，以列植、庭荫树、遮阴散步道、林荫大道、林园、浓荫曲径为设计手法的遮阴、营造小气候功能；以迷园、花结园、柑橘园、水剧场和各类花坛为设计手法的游乐、赏玩功能等。还可以将绿丛植坛和树畦作为空间过渡带，用丛林营造开闭空间，将植物作为舞台背景和墙垣栏杆、绿毯和绿墙等，还可将植物作为室外建筑材料等。

古代园林时期，古埃及的植物景观功能主要是遮阴、生产和装饰；古希腊和古罗马的植物景观功能增加了赏玩和游乐功能；中世纪园林时期，植物景观功能没有大的变化，仍是以遮阴、生产、装饰、赏玩和游乐为主；文艺复兴园林时期，植物景观功能有了大的发展，植物景观开始用于组织空间和作为室外建筑材料；勒诺特尔式园林时期，植物的生产功能不再成为重点，游乐、组织空间和作为建筑材料的功能得到更多的关注；风景式园林时期，植物景观注重遮阴和组织空间；风景园艺式园林时期，遮阴、赏玩和装饰成为植物景观的主要功能。

西方现代植物景观设计只注重植物景观的原有功能，舍弃了过去过于复杂的植物配置方式，同时开始倾向于由一些特点突出的植物与其生长环境景观组成自然景色，如在一些城市环境中种植一些美丽的、未经驯化的当地野生植物，与人工构筑物形成对比；在城市中心的公园中设立自然保护地，展现荒野和沼泽的景观。

总之，西方园林植物景观设计的优点主要体现在严谨的结构设计、丰富的空间变化、强烈的视觉冲击力和较高的艺术价值等方面。

第一，西方园林植物景观的结构设计严谨而有序，使园林呈现出一种和谐统一的美感。这种严谨性不仅体现在园林植物景观的整体规划上，也体现在各个局部区域的设计上。通过对园林的精心规划和布局，人们能够充分利用空间资源，创造出丰富多样的景观。同时，园林中的建筑、雕塑、喷泉等元素也经过精心设计，与园林植物景观的整体布局相协调，共同构成了一个完美的艺术整体。

第二，西方园林植物景观的空间变化丰富多样。通过对不同区域和空间的划分和组合，人们能够收到多种不同的景观效果。这种空间变化不仅使园林植物景观更具吸引力，也使游人在游览园林时能够感受到不同的氛围。

第三，西方园林植物景观具有强烈的视觉冲击力。通过运用几何形状、对称布局和丰富的装饰元素等手段，西方园林植物景观具有强烈的视觉冲击力。这种冲击力不仅使园林更具吸引力，也使游人在游览园林时能够留下深刻的印象。

第四，西方园林植物景观具有较高的艺术价值。无论是在建筑设计、雕塑创作还是植物配置等方面，西方园林植物景观都展现出了设计者高超的艺术技巧和独特的审美观念。这些艺术元素的多种组合形式不仅使园林更具观赏性和审美价值，也体现了设计者对艺术和美学的深刻理解和追求。

第五，西方园林植物景观还具有较强的实用性和功能性。除了作为观赏和休闲的场所，西方园林还常常被用作举办各种活动和仪式，如宴会、婚礼、音乐会等的场所，这使得园林具有更广泛的用途。同时，园林中的植物和水体等元素也具有一定的生态功能，如调节气候、净化空气等，能够为人们提供更加舒适和健康的生活环境。

二、中国古典园林

中国有着悠久的园林历史。在中国古典园林中，植物景观设计更侧重遮阴、营造山林气氛。植物单体，如盆景、孤植树在庭园中的应用较为广泛。

古代园林建造者能抓住自然中各种美景的典型特征，提炼剪裁，利用乔、灌、地被植物把峰峦沟壑再现在小小的庭园中。他们在二维的园址上实现了三维的空间效果，"以有限面积，造无限空间"，以"小中见大"的空间表现形式和造园手法，满足人们的物质要求；以清风明月、树影扶摇、山涧林泉、烟雨迷蒙的自然景观满足人们的心理需求；以自然山石、水体、植被等，营造令人心旷神怡的园林气氛。园林建造者把大自然的美浓缩到园林中，使之成为大自然的缩影。

中国古典园林按照其隶属关系，可以分为皇家园林、寺观园林和私家园林，其植物景观设计各具特色。

中国古代的皇家园林作为封建帝王的离宫别苑，规模宏大、建筑雄伟、装饰奢华、色彩绚丽，象征着帝王至高无上的权力。经过长期的选择，古拙庄重的苍松翠柏常常与色彩浓重的皇家建筑物交相辉映，形成了庄严、雄浑的园林特色。另外，在中国皇家园林中，植物通常被认为是吉祥如意的象征。例如，在园林中常用玉兰、海棠、迎春、牡丹、桂花象征"玉堂春富贵"，用紫薇、榉树象征"高官厚禄"，用石榴树寓意"多子多福"等。

寺观园林是指附属于佛寺、道观或坛庙祠堂的园林，也包括寺观内部庭院和外围地段的园林化环境。寺观园林中果木花树多有栽植，除具有观赏特性外，往往还具有一定的象征意味。例如，佛经中规定寺院里必须种植"五树六花"："五树"是指菩提树、大青树、贝叶棕、槟榔、糖棕，"六花"是指荷花、文殊兰、黄姜花、缅桂花、鸡蛋花和地涌金莲。此外，寺观园林中也常种植松柏、银杏树、樟树、槐树、榕树、皂荚、柳杉、楸树、无患子等。除这些精心选择、配置的园林植物外，相关设计者还常利用平淡无奇的当地野生花卉和乡土树种，使寺观与自然环境融为一体，达到"虽由人作，宛自天开""视道如花，化木为神"的园林艺术效果。寺观园林植物景观既有深厚的文化底蕴又生机勃勃，在园林领域写下了精彩夺目的华丽篇章。

私家园林是贵族、官僚、富商、文人等为自己建造的园林，其规模一般比皇家园林小得多，常用"以小见大"的手法，以含蓄隐晦的技巧再现自然美景，寄托园主失意或逃避现实的思想感情。江南私家园林最突出的代表是苏州古典园林。苏州古典园林多为自然山水园或写意山水园，崇尚自然，讲究景观的深、奥、幽，追求朴素淡雅的山林野趣，植物景观注重"匠"与"意"的结合，即通过植物配置来营造诗画意境。

私家园林植物景观设计的常用方法有以下几种：按诗文、匾额、楹联来选用植物；按画理来布置植物；按色彩、姿态选用植物。在长期的造园实践中，古人总结出了植物配置的程式，如院广堪梧、槐荫当庭、移竹当窗、栽梅绕屋、高山栽松、山中挂藤、水上放莲、修竹千竿、堤弯宜柳、悬葛垂萝等，这些程式对现代园林植物景观设计具有一定的指导意义。

由于特殊的历史原因，我国现代园林的发展起步较晚。改革开放后，随着经济的发展，我国的造园运动才再度兴起。例如，早期的杭州花港观鱼公园，是中国古典园林与现代园林景观有机结合的杰出代表，植物景观异常丰富，植物品种以常绿乔木为主，配置植物时因地制宜，景色层次分明，季相变化丰富多彩，传统造园技艺中的对景与借景、分景与框景等手法运用恰当合理。

20 世纪 80 年代中期，我国现代公园开始重视运用植物造景，将丰富的植物形态与色彩变化融入公园的艺术构图中。20 世纪 90 年代以来，我国园林建设的目标是建设生态园林，植物材料从传统的建筑物周围种植、假山上种植，发展出行道树、绿篱、广场遮阴、空间分割等应用方式，从传统的布置花台发展出布置花坛、花境、室内花园、屋顶花园等应用范围，极大地丰富了植物景观及其功能。

总之，中国古典园林作为中华民族传统文化的瑰宝，不仅具有极高的艺术价值，还蕴含着丰富的哲学思想。其独特的植物景观设计理念、精湛的造园技

15

艺，以及深厚的文化内涵，使其成为中华文化不可或缺的一部分。

首先，中国古典园林是中华民族传统文化的重要载体。园林中的山水、建筑、植物等元素，不仅体现了古人对自然之美的追求，更蕴含了丰富的哲学思想。这些元素通过园林的布局、设计，传递出中华民族独特的审美观念和人生哲学，成为传承和弘扬中华优秀传统文化的重要媒介。

其次，中国古典园林具有极高的艺术价值。其独特的构景特点、丰富的造景手法，以及精湛的造园技艺，都体现了古人对自然之美的深刻理解。园林中的一山一水、一草一木，都经过了古人的精心设计和布局，营造出一种和谐、宁静、优美的环境氛围，使人在其中能感受到身心的放松和愉悦。这种艺术价值不仅体现在园林本身，更在于其能引发人们对美的追求，提高人们的审美水平和文化素养。此外，中国古典园林的植物景观设计注重人与自然的和谐统一，追求自然与人的和谐共生，具有一定的生态价值。在园林的设计和建造过程中，古人充分考虑了生态环境的作用，通过合理布局和规划，将园林打造成了一个平衡、协调的生态系统，从而引导人们关注生态环境问题，增强人们的环保意识。

最后，中国古典园林还具有重要的历史研究价值。其丰富的历史文化内涵和独特的造园技艺，为后人提供了宝贵的研究资料。通过对中国古典园林的研究，现代人可以更加深入地了解古人的生活方式、审美观念。

目前，园林植物景观设计已打破传统的过于关注形式、功能及审美的设计理念，而转为关注生命安全、生存环境和生态平衡。

第二章 园林植物景观设计的原理

第一节 园林植物景观设计的生态原理

植物生活的空间称为生态环境。植物的生态环境与温度、阳光、水分、土壤，以及人类的活动密切相关，这些对植物的生长发育产生重要影响的因素称为生态因子。研究各生态因子与植物的关系是园林植物景观设计的理论基础。

各生态因子是相互影响、相互联系的，不同生态因子的共同作用对植物的生长发育有着重大的影响，缺少其中一个因子，植物将不能正常生长。例如，将水生植物栽植在干旱缺水的环境中，植物就会生长不良或死亡；将喜阴植物栽植在阳光充足的环境中，植物就会生长不良。对某一种植物来说，或者在植物的某一生长发育阶段，常常有 1～2 个因子起决定性的作用，这种起决定性作用的因子称主导因子。例如，华北地区野生的中华秋海棠生长在阴暗潮湿的环境中，其主导因子是阴暗的环境、潮湿的环境；西北地区生长的梭梭树，其主导因子是干旱的环境。

植物对生态环境的不同需求也形成了不同生态环境中的植物景观，在植物景观设计中要考虑植物本身的需求，遵循植物长期演化的自然规律。

一、温度对植物的生态作用

温度因子对植物来说是极其重要的，温度的变化对植物的生长发育和分布具有重要影响。

（一）季节与植物造景

一年可分为四季，四季的划分以每一候（五天为一候）的平均温度为标准。每一候的平均温度为 10～22 ℃的属于春、秋季，在 22 ℃以上的属于夏季，10 ℃以下的属于冬季。不同地区的四季长短是有差异的。不同地区的植物，由于长期适应该地季节性的变化，就形成了一定的生长发育节奏。

春季：营造春季景观的植物有山桃、迎春、玉兰、连翘、碧桃、垂柳、旱柳、榆叶梅、紫荆、黄刺玫、西府海棠、贴梗海棠、绣线菊类、接骨木、文冠果、玫瑰、杏树、山楂树、苹果树、泡桐、棣棠等。例如，杭州西湖的苏堤，主要栽种垂柳、碧桃，形成桃红柳绿的景观，并增添日本晚樱、海棠、迎春等。再如，北京颐和园知春亭为呈现诗句"春江水暖鸭先知"的意境，小岛建为鸭子的形状，植物选择垂柳、碧桃。

夏季：常用荷花、睡莲、千屈菜、水生鸢尾、荇菜等水生植物来营造夏季清凉的意境。也可用国槐、栾树、黄金树、合欢树、月季、石榴树、江南槐、美国凌霄、金银花等观花植物，使夏季的色彩更丰富。

秋季：秋季是色彩最丰富的季节，应充分利用植物色彩的变化和果实的色彩来营造秋季景观。北方可选择的植物有黄栌、五角枫、元宝枫、茶条枫、火炬树、柿树、银杏树、白蜡、鹅掌楸、梧桐、榆树、槐树、柳树、石榴树、紫叶李、山楂树等。

冬季：北方落叶树种植比例较高。冬季色彩比较单调，应巧妙运用落叶乔灌木的冬态，营造冬季水墨淡彩的景观。

（二）昼夜变温对植物的影响

一日中，气温的最高值与最低值之差称为昼夜差；植物对昼夜温度周期性变化的反应，称为温周期现象。昼夜差和温周期现象对植物生长产生的具体影响表现在以下三个方面：

①种子的发芽。多数种子在变温条件下发芽良好，在恒温条件下发芽略差。

②植物的生长。多数植物在昼夜变温条件下比恒温条件下生长好，原因是昼夜变温条件有利于植物积累营养。

③植物的开花结果。昼夜温差大有利于植物的开花、结果，并且果实品质高。例如，我国西北地区的昼夜温差大，因此新疆的瓜果甜，品质高。

（三）温度与植物的分布

温度是影响植物分布的一个极为重要的因素，每一种植物对温度的适应均有一定的范围。根据分布区域温度的高低，植物可分为热带植物、亚热带植物、温带植物和寒带植物等四类，如兰花生长、分布在热带和亚热带，百合主要分布在温带，仙人掌原产热带、亚热带干旱沙漠地带。在园林植物景观设计中，设计者应选用适应该区域条件的植物。

二、水对植物的生态作用

植物的一切生命活动都需要水的参与，如对营养物质的吸收、运输，以及光合作用、呼吸作用、蒸腾作用等。水是植物体的重要组成部分，也是影响植物形态结构、生长发育、繁殖及种子传播等的重要生态因子。

（一）由水因子起主导作用的植物类型

1.旱生植物

旱生植物是指在干旱的环境中能长期忍受干旱正常生长、发育的植物类型，该类植物多见于雨量稀少的荒漠地区和干燥的草原地区。根据其形态和适应环境的生理特征，旱生植物分为以下三类：

①少浆植物或硬叶旱生植物。体内含水量很少，其主要特征是叶的面积小，多退化成鳞片或刺毛；叶表面有蜡层、角质层；气孔下陷；叶片卷曲。如柽柳、梭梭树、针茅等。

②多浆植物或肉质植物。体内含有大量水分，具有储水组织，能适应干旱的环境。有特殊的新陈代谢方式，生长缓慢，在热带、亚热带沙漠中较为常见。如仙人掌、芦荟、绿玉树等。

③冷生植物或干矮植物。该类植物具有旱生少浆植物的特征，但又有自己的特点，大多株形矮小，多呈团丛状或垫状。如蜡梅、山茶花等。

2.中生植物

大多数植物均属于中生植物，不能忍受过干或过湿的环境。中生植物种类众多，不同的中生植物在干旱和潮湿等方面的耐受程度具有很大的差异。耐旱能力极强的种类具有旱生植物的倾向，耐湿能力极强的种类具有湿生植物的倾向。以中生植物中的木本植物而言，如圆柏、侧柏、油松、酸枣、桂香柳等虽然具有很强的耐旱性，但仍以干湿适度的环境为最佳生长环境；垂柳、旱柳、桑树、紫穗槐等，虽具有很强的耐湿力，但仍以干湿适度的环境为最佳生长环境。

3.湿生植物

湿生植物需生长在潮湿的环境中，若在干旱或中生环境下生长，则常导致死亡或生长不良。湿生植物可分为以下两种类型：

①喜光湿生植物。生长在阳光充足、水分经常饱和或仅有较短干旱期地区的湿生植物，如在沼泽化草甸、河流沿岸生长的鸢尾、半边莲、落羽松、池杉、水松等。由于土壤潮湿、通气不良，故根系较浅。由于地上部分的空气湿度不是很高，该类植物的叶片上仍有角质层存在。

②耐阴湿生植物。生长在光线不足、空气湿度较高、土壤潮湿环境下的湿生植物，如蕨类植物、海芋、秋海棠类，以及多种附生植物。

4.水生植物

生长在水中的植物称为水生植物。水生植物可分为三种类型：

①挺水植物。植物体的大部分露在水面以上的空气中，如芦苇、菖蒲、水葱、荷花等。

②浮水植物。叶片漂浮在水面的植物，又可分为两种类型：一是半浮水型，

根生于水下泥中，仅叶片和花浮在水面，如睡莲、萍蓬草等；二是全浮水型，植物体完全自由地漂浮在水中，如浮萍、满江红、凤眼莲等。

③沉水植物。植物体完全沉没在水中，如苦草、金鱼藻等。

（二）水与植物景观

1.空气湿度与植物景观

空气湿度对植物的生长有很大的影响，园林植物造景应充分考虑水分因素。在云雾缭绕的高山上，各种植物千姿百态，它们生长在岩壁上、石缝中、瘠薄的土壤中或附生在其他植物上。这类植物没有坚实的土壤基础，它们的生存与空气湿度密切相关，如在高温高湿的热带雨林中，高大的乔木下常附有蕨类、苔藓。这些自然景观可以模拟再现，只要创造相对空气湿度不低于80%的环境，就可以在展览温室中进行人工的植物景观创造。

2.水生植物景观

通常采用挺水植物和浮水植物，如荷花、睡莲、荧实、慈姑、水葱、芦苇、菖蒲等营造夏日池塘景观。例如，西湖的曲院风荷，充分利用水面，营造出"接天莲叶无穷碧，映日荷花别样红"的景观。

3.湿生植物景观

在自然界中，湿生植物景观常见于海洋与陆地的过渡地带，这类植物中绝大多数是草本植物。可选择池杉、水松、水杉、红树、垂柳、黄花鸢尾、千屈菜等进行植物造景。

4.旱生植物景观

在干旱的荒漠等地区生长着很多抗旱植物，如我国西北地区生长的桂香柳、胡杨、皂荚、杜梨、圆柏、侧柏、小叶朴、大叶朴、沙地柏、合欢、君迁子、胡颓子、国槐、毛白杨、小叶杨等。这些植物是营造旱生植物景观的不错的选择。

三、光照对植物的生态作用

光是绿色植物的生存条件之一，绿色植物在光合作用过程中依靠叶绿素吸收太阳光能，并利用光能把二氧化碳和水合成有机物，并释放氧气，这是植物与光最本质的联系。光的强度、光照时间都影响着植物的生长和发育。

（一）植物对光照强度的要求

根据植物对光照强度的要求，人们可将植物分为三种生态类型：阳性植物、阴性植物、中性植物。在自然界的植物群落中，人们可以看到乔木层、灌木层、地被层，各层植物所需的光照条件不同，这是它们长期适应环境的结果，从而形成了不同的生态习性。

①阳性植物。要求较强的光照、不能忍受荫蔽的植物称为阳性植物，如雪松、油松、白皮松、水杉、刺槐、白桦、臭椿、泡桐、银杏树、玉兰、碧桃、榆叶梅、合欢树、鹅掌楸、毛白杨等。

②阴性植物。在较弱的光照条件下生长良好的植物称为阴性植物，如中华秋海棠、人参、三七等许多生长在阴暗潮湿环境中的植物。

③中性植物。在充足的阳光下生长最好，但也有一定的耐阴能力，需光度介于阳性植物和阴性植物之间。大多数植物属于此种类型。中性植物分为偏喜光和偏耐阴两类，目前没有定量的分界线。如榆属、朴属、榉属，以及樱花、枫杨等为中性偏喜光植物；槐属，以及圆柏、珍珠梅、七叶树、元宝槭、五角槭等为中性稍耐阴植物；冷杉属、云杉属、铁杉属、粗榧属、红豆杉属、椴属、荚蒾属，以及八角金盘、常春藤、八仙花、山茶、桃叶珊瑚、枸骨、海桐、杜鹃花、忍冬、罗汉松、紫楠、棣棠、香榧等为中性耐阴能力较强的植物。

（二）光照时间对植物的影响

每日的光照时间与黑暗时间的交替对植物开花的影响称为光周期现象。按光周期现象，植物可分为四类：

①长日照植物。在开花以前需要有一段时期每日光照时间大于 14 h 的植物。如果满足不了这个条件，则植物将仍然处于生长阶段而不能开花。反之，每日光照时间越长，开花越早。该类植物包括凤仙花、波斯菊、矮牵牛、金莲花、万寿菊等。

②短日照植物。在开花以前需要有一段时期每日光照时间少于 12 h 的植物。每日光照时间越短，开花越早，但每日的光照时间不得短于维持植物生长发育所需要的光合作用的时间。该类植物包括金盏花、矢车菊、天人菊、杜鹃花等。

③中日照植物。只有在光照时间与黑暗时间相近时才能开花的植物。该类植物包括仙客来、康乃馨等。

④中间性植物。对光照时间与黑暗时间的长短没有严格的要求，只要发育成熟，无论长日照条件还是短日照条件均能开花的植物。该类植物包括蒲公英、曼陀罗等。

四、土壤对植物的生态作用

植物的生长离不开土壤，土壤是植物生长的基质，对植物的生长起着固着、提供营养和水分的作用。不同的土壤适合不同的植物生长，不同的植物适应不同的土壤条件。

（一）土壤的酸碱度与植物类型

根据植物对土壤酸碱度的要求，人们可将植物分为以下三种类型：

①酸性土植物。在呈酸性土壤（土壤 pH 值在 6.5 以下）中生长最佳的植物。如杜鹃花、马尾松、石楠、油桐、吊钟花、三角梅、印度榕等。

②中性土植物。在中性土壤（土壤 pH 值在 6.5~7.5）中生长最佳的植物。

绝大多数植物属于此类，如合欢树、银杏树、桃树、李树、杏树等。

③碱性土植物。在呈碱性土壤（土壤 pH 值在 7.5 以上）中生长最佳的植物种类，如柽柳、紫穗槐、沙棘、沙枣树、梭梭树、杠柳等。

（二）土壤中的含盐量与植物类型

我国沿海地区有面积相当大的盐碱土区域；在西北内陆干旱地区、内陆湖附近和地下水位过高处，也有大面积的盐碱化土壤。这类盐土、碱土，以及各种盐化、碱化的土壤，统称盐碱土。

根据植物在盐碱土的生长发育情况，人们可将植物分为以下五种类型：

1.喜盐植物

①旱生喜盐植物。其主要分布于内陆的干旱盐土地区，如碱蓬、海蓬子、梭梭树等。

②湿生喜盐植物。其主要分布于沿海海滨地带，如海莲、红树、秋茄、老鼠筋等。

2.抗盐植物

分布于干旱地区和湿地，这类植物对土壤中较高的盐分含量有一定的耐受能力，如柽柳、盐地风毛菊等。

3.耐盐植物

分布于干旱地区和湿地，这类植物能从土壤中吸收盐分，并将盐分经植物茎、叶上的盐腺排出体外，如大米草、二色补血草、红树等。

4.碱土植物

能适应 pH 值在 8.5 以上和物理性质极差的土壤，如藜科、苋科植物等。

5.盐碱植物

在盐碱土中生长的植物统称为盐碱植物，主要分布于我国沿海地区和西北内陆干旱地区。

在园林绿化中，较耐盐碱的植物有柽柳、白榆、加拿大杨、小叶杨、食盐树、桑树、旱柳、枸杞树、楝树、臭椿、刺槐、紫穗槐、黑松、皂荚树、国槐、白蜡树、桂香柳、合欢树、枣树、西府海棠、圆柏、侧柏、胡杨、钻天杨、栾树、火炬树、白刺花、木槿、胡枝子、接骨木、金叶女贞、紫丁香、山桃等。

第二节　园林植物景观设计的群落原理

自然界中，任何植物都不是独立存在的，总有许多其他植物与之共同生活在一起。这些生长在一起的植物，占据了一定的空间，按照自己的规律生长发育，并同环境产生相互作用，这类植物称为植物群落或植物群体。按其形成和发展中与人类栽培活动的关系来讲，植物群落可分为两类：一类是植物自然形成的，称为自然群落；另一类是人工形成的，称为人工群落。

自然群落由生长在一定地区内，并适应该区域环境综合因子的许多互有影响的植物个体所组成。它有一定的组成结构和外貌，是依历史的发展而演变的。在环境因子不同的地区，植物群体的组成成分、结构关系、外貌及其演变发展过程等都有所不同，比如西双版纳的热带雨林植物群落、沙漠地区的旱生植物群落，其演变过程存在明显差异。

人工群落是把同种或不同种的植物配置在一起形成的，是完全由人类的栽培活动而创造出来的。它的形成、发展规律与自然群落相同，但其形成与发展都受人的栽培管理活动支配。目前，我国许多城市公园绿地的植物群落除部分片段化的自然群落外，多为典型的人工群落，如园林中的树丛、林带、绿篱等。人工群落层次比较清晰，外来观赏植物比例高，具有明显的园林化外貌和格局。

一、群落的外貌

①优势种。在植物群落中，数量最多或数量虽不太多但所占面积最大的物种称为优势种。

②密度。群落中植物个体的疏密程度与群落的外貌有着密切的关系，如西双版纳热带雨林植物群落与西北荒漠植物群落的外貌有很大的不同。

③种类。群落中植物种类的多少对其外貌有很大的影响。植物种类多，天际线丰富，轮廓线变化大；植物种类单一，则呈现高度一致的线条。

④色相。各种群落所具有的色彩为色相，如油松林呈深绿色，柳树林呈浅绿色。

⑤季相。由于季节的变化，同一地区的植物群落发生形态、色彩上的变化称为季相，如黄栌群落春天季相是绿色，秋季季相为红色。

⑥群落的分层。前文已有提及，自然群落是植物在长期的历史发育过程中，在不同的环境下自然形成的群落，各自然群落都有自己独特的层次，如西双版纳热带雨林群落，结构复杂，常有6～7层；东北红松林群落，常有2～3层；而荒漠地区的植物群落通常只有一层。通常层次越多，群落表现出的外貌色相特征就越丰富。

二、园林植物景观设计的植物群落类型

植物群落是城市绿地的基本构成单位。随着城市规模的日益扩大，以及人们对环境条件要求的日益提高，人们已不仅仅满足于植物的合理搭配，而是将生态园林等理念应用于城市建设中，营造适合城市生态系统的人工植物群落。

（一）观赏型人工植物群落

观赏型人工植物群落是人们对景观、生态，以及人的心理、生理感受进行研究，选择观赏价值高的植物，运用美学原理，科学设计、合理布局，将乔、灌、草复合配置，使其形成具备艺术美、生态美、科学美、文化美的人工植物群落。观赏型人工植物群落应注重季节的变化，如春季可营造观花的植物群落，秋季可把握季相变化，营造秋季植物群落。

（二）环保型人工植物群落

植物具有吸收、吸附有毒气体和污染物的功能。以抗污能力强的植物组合而成的抗污性较强的复层植物群落，可以减少对局部环境的污染，促进生态平衡，提高生态效益，美化环境。

（三）保健型人工植物群落

保健型人工植物群落是人们利用植物挥发的有益物质和分泌物，为达到增强体质、预防疾病、治疗疾病的目的而营造的植物群落。例如，松树、柏树、核桃树等植物具有杀菌功能，尤其适合疗养院、医院等单位种植。

（四）知识型人工植物群落

知识型植物群落的营造注重知识性、趣味性，按植物分类系统或种群系统种植，具有科普性、研究性。一些人工植物群落，如植物园等，是为了引入和保护珍贵稀有的物种和濒临灭绝的物种。该群落植物种类丰富，景观多样，既能保护和利用种质资源，同时也能激发人们热爱自然和保护环境的意识。

（五）生产型人工植物群落

生产型人工植物群落是指根据不同的建设需要，将具有经济价值的乔、灌、草、花组合起来而营造的人工植物群落，如苗圃、药圃等。

第三节　园林植物景观设计的
美学原理

一、色彩美原理

随着城市的不断发展，城市建设速度加快，人们也越来越重视与城市建设发展相匹配的城市绿化工程。城市如何美化，怎样的绿化会更符合人们的精神需求是值得园林工作者深思的。

园林景观是随季节和时间变化的，设计者要懂得如何合理运用植物本身色彩的变化，以及形态的不同创造出令人心情愉悦的园林景观。色彩作为一种造型语言，在园林景观运用中起着重要的作用。

美有很多种，不同的人对美的认识不同，所以对美的定义就有所不同。人们的经历不同、生活的环境不同、宗教信仰不同，以及受教育水平的不同都会导致人们对同一事物有不同的反应。但是，即使是各方面的背景都不相同，对于美，人们可以将其统称为可以带给人感官及心灵上愉悦的事物。

一般情况下，人们会通过视觉获取各种信息，其中色彩是十分重要的信息之一。除了客观上的观察，人们还会通过色彩来对事物的状态、情形等作出判断。

色彩被认为是一种可以激发情感、刺激感官的元素。因此，在园林植物造景设计中，要想针对目标群体的要求、习惯与兴趣爱好来创造传神的作品，设计者就要注重色彩的运用。色彩传递给人的信息是非常直接的，在第一眼看见的瞬间，人们就会在自己的主观思维中形成一种关于它的印象。可以毫不夸张地说，不同的色彩应用足以左右设计本身的效果和表现力。

园林植物景观设计中色彩单体在设计中的影响力很大，而多种色彩的搭配组合能够展现出更加丰富多彩的画面。利用植物的不同色彩对植物进行合理的搭配，可以大大提高园林景观的设计质量。设计者不能单纯根据个人的感性认识来选择色彩，而要考虑到设计作品的用途等。

（一）单色系配色

单色，顾名思义是一种颜色。单色系配色就是利用一种颜色之间的微妙变化形成暧昧、朦胧效果的配色类型，色彩变化比较平缓，并且在同一色相内变化，在园林景观设计中展现出温柔、雅致、浪漫的一面。在园林景观设计中，设计者可以运用单色系配色的方法创造出比较轻松、舒缓的色彩效果。

（二）类单色系配色

类单色系配色是指在色相、色调上的变化程度比单色系配色稍微大一些的配色类型。单色系配色是指在一种颜色的深浅上起变化；而类单色系配色并不是只在颜色的深浅上起变化，比如浅粉色与粉绿色都给人以粉嫩的感觉，属于类单色系，其配色效果比单色系配色更加清晰。在选择园林植物时，设计者要想营造大面积的画面统一感，可以统一采用浅色调或深色调。例如，秋季金黄的银杏叶片，随着秋风飘落在绿色的草坪上，黄绿色彩交织，演绎出和谐、温馨的画面。在山谷林间、崎岖小路的闭合空间，可用淡色调、类似色处理的花境来表现幽深、宁静的山林野趣。

（三）对比配色

对比配色即是由对比色相互对比构成的配色。一般都是在色相盘上占两极的颜色，在色彩感觉上互相突出，如红色与绿色具有强烈的视觉冲击效果。对比色在园林景观设计中的应用极为广泛，对比色搭配出的景色活泼热烈，能使人产生兴奋感和节奏感。例如，扬州瘦西湖早春湖边金黄色的连翘花与蓝色的地被植物诸葛菜相互对比，给人带来视觉上的震撼。"万绿丛中一点红"正是对比色的搭配应用。园林造景也多把对比色用在花坛或花带中，如在宽阔草坪、广场上的开阔空间，可用大色块、浓色调、多色对比处理的花丛、花坛来烘托明快的环境。

（四）层次感配色

层次感配色是指色彩按照其明度、纯度和色相的变化规律构成的配色。这种配色能够体现色彩的节奏感和流动效果，具有秩序性，使人感到安心、舒适，是展现多色配色效果的有效技巧之一。在园林景观中，层次感配色是不错的选择，如橘黄、黄色、鹅黄、浅黄，这种配色的景观整体感更强，更能产生较好的艺术效果。

二、形式美原理

植物是园林景观的灵魂，植物的形式美是通过植物的形态、色彩、质地、线条等来展现的。在展现植物的形式美时，设计者要遵循以下基本规律：

（一）变化与统一

变化与统一是设计者应遵循的首要规律，是设计的总原则。变化与统一又称多样统一。变化，即寻找彼此之间的差异，而统一则是寻找彼此之间的共同点。变化与统一是相辅相成的，在植物景观设计中，设计者要做到在变化中有统一，统一中又有变化，这样才能使景观不单调、不杂乱。

在植物景观设计中，设计者应将景观作为一个有机整体统筹安排，达到形式和内容的统一。例如，在规划一座城市的树种时，要合理配置基调树种、骨干树种和一般树种。基调树种种类少，但应用数量大，形成该城市的基调色彩和特色，起到统一的作用；而一般树种，种类多，每一种类应用量小，起到变化的作用。又如，秋色叶树配置在一起，形成统一的秋季色彩，但秋色叶树有乔木、灌木，有红色、紫红色、橙色、黄色等，这就实现了在统一中有变化。

（二）节奏与韵律

节奏是规律性的重复。节奏在造型艺术中则被认为是反复的形态和构造，在一幅图画中把图形等距离地反复排列就会产生节奏感。在植物配置中，同一种植物按一定的规律重复出现，自然就会形成一种节奏感，这种节奏感通常是活泼的，并且能使人产生愉悦的心情。

韵律可分为渐变韵律、交替韵律和连续韵律等。

渐变韵律是以同一种植物的大小不同、形状不同而形成的渐变趋势。渐变韵律最为丰富多彩，也最为复杂。例如，人工修剪的绿篱，可以修剪成形状、大小都不同的图案并呈渐变的趋势，能在配置之中增添活泼、生动的趣味。

交替韵律通常是采用两种树木相间隔的种植方式表现的。最绝妙的就是杭州西湖苏堤上的"杭州西湖六吊桥，一株杨柳一株桃"，把交替韵律的美感体现得淋漓尽致。

连续韵律是最为普通又最好表现的一种韵律，不管是选择植物种类还是排列顺序，都比前两种简单，同一树种等距离排列栽植最能体现连续韵律。连续韵律多用于行道树配置，也可用于道路分隔绿带设计。

（三）对比与调和

对比是指两种不同形式的景观，根据其构成元素在形态、色彩、质地上的不同而形成视觉差异，使彼此的特色更加明显。对比在植物配置中更多的是能显示出一种张力，使画面更加跳跃、活泼。调和是利用不同元素的近似性或一致性，使人们在视觉上、心理上产生协调感，如果说对比强调的是差异，那么调和强调的就是统一。

植物的景观元素是由植物的质感、方向、色彩等构成的，这些元素存在深浅、大小、粗细、刚柔、疏密、动静等不同。通过对比和调和，这些元素可在变化中实现统一。

1.质感的对比与调和

园林景观中通过合理使用不同质感、类型的植物材料，注重质感间的调和，获得统一的质感效果。例如，在山石周围种植苏铁、常春藤等植物，山石与周围配植的植物虽有显著不同，但也有某些共性，即山石具有粗犷的质感，而苏铁、常春藤也同样具有粗犷的质感，它们在质感上达到了统一，并且相互衬托，共同显示出一种粗犷美，远远超过了单一素材所带来的质感感受。

在园林景观设计中，设计者也可通过质感对比活跃气氛、突出主题，使各种素材的优点相得益彰。质感的对比包括粗糙与光滑、坚硬与柔软、粗犷与细腻、沉重与轻巧的对比，等等。例如，细致的迎春花在粗犷山石的衬托下更显现其精美，悬铃木粗壮、厚重的质感与红花酢浆草地纤细、轻柔的质感形成对比。

2.方向的对比与调和

方向的对比与调和强调的是画面具有整体感。植物景观具有线性的方向性，通过对比与调和，可以增加景深和层次。例如，上海世纪公园一处，水平方向的空旷草坪与垂直方向挺直的池杉形成强烈的对比，不仅丰富了空间上的层次，更使人感到心旷神怡。

3.色彩的对比与调和

色彩的对比与调和是色彩关系配合中辩证的两个方面，其目的就是形成色彩组合的统一协调。通常一种色彩中包含另一种色彩的成分，如红与橙，橙与黄，黄与绿，绿与蓝，蓝与紫，紫与红；在色盘上位置离得远的或处于对称的位置，红与绿，黄与紫，蓝与橙则为对比色。

在植物配置中，对比色彩会显得张扬奔放、活泼俏丽，具有较强的视觉冲击力，容易形成个性很强的视觉效果。而植物色彩的调和能给人宁静、清新的感觉，如杭州西溪湿地的湖边种植了一些高大的绿色植物。植物的绿色与湖水的蓝色相衬，让游人感到清新、宁静。

（四）均衡与稳定

在平面上的构图平衡为均衡，在立面上的构图平衡则为稳定。均衡与稳定是人们在心理上对对称或不对称景观在重量上的感受。一般体积大、数量多、色彩浓重、质地粗糙、枝叶茂密的植物，给人以稳重的感觉；反之，体积小、数量少、色彩素雅、质地细柔、枝叶疏朗的植物，给人以轻盈的感觉。设计者在设计景观时，应合理处理轻重缓急，使整体景观处于对称均衡和不对称均衡的完美状态。

1.对称均衡

对称均衡是指园林植物在形态、数量、色彩、质地等方面实现均衡，一般适用于规则式园林。例如，行道树种植，采用的就是对称均衡，给人整齐、庄重的感觉。对称均衡也常用于比较庄重的场合，如陵园、墓地或寺庙等，如南京中山陵的植物配置就运用了对称均衡原理。

2.不对称均衡

不对称均衡常用于自然式种植，如花园、公园、植物园、风景区等。不对称均衡能赋予景观自然生动的感觉，通过对植物体量、数量、色彩的不同设计，使人感到舒适。

（五）主景与配景

任何一个作品，不论是一幅风景优美的油画还是设计精美的雕塑、建筑，都应该遵循有主有从的原则。山有主峰、水有主流、建筑有主体、音乐有主旋律、诗文有主题，园林植物景观设计也是如此。在园林植物景观设计中，主景一般形体高大，或形态优美，或色彩鲜明，一般被安排在中轴线上、节点处或制高点；从属的景物被置于两侧副轴线上。只有主次搭配合理，景观才能和谐、生动。

（六）比例与尺度

比例是指整体与局部或局部与局部之间大小、高低的关系。尺度是指与人有关的物体实际大小。园林中的尺度，是指园林空间中各个组成部分与具有一定自然尺度的物体的比例关系。在园林景观中，植物个体之间、植物个体与群体之间、植物与环境之间、植物与观赏者之间，都要注重比例与尺度的关系。比例与尺度恰当与否，会直接影响景观效果。

尺度是对量的表达。在园林空间中，大到街道、广场，小到花坛、座椅、花草、树木的尺寸都应满足功能的要求。空间的尺度设计必须满足尺度规范，力求人性化。

形式美的规律对景观设计起着指导性的作用，它们是相互联系、相辅相成的，并不能截然分开。设计者只有在充分了解变化与统一、节奏与韵律、对比与调和、均衡与稳定、主景与配景、比例与尺度等原理的基础上，加上更多的专业设计实践，才能将这些设计手法熟记于心，灵活运用于方案之中，赋予景观作品以灵魂，使景观作品在自然美、建筑美、环境美与使用功能上达到有机统一。

三、意境美原理

"意境"是观赏者通过视觉得到的物象，运用理性的思维方式，不断地对物象进行提炼与升华，最终获得精神层面的享受。园林植物的意境美反映了人们面对自然所产生的独特美感，即"触景生情"。情景交融是自然美与人的审美观、人格观的相互融合，使植物景观从形态美升华到意境美，达到天人合一的完美境界。中国的历史悠久，许多植物被人格化，如松、竹、梅被称为"岁寒三友"，象征着坚贞、气节和理想，代表着高尚的品质；梅、兰、竹、菊被喻为四君子；玉兰、海棠、牡丹、桂花象征长寿富贵。

松树是坚贞、孤直和高洁的象征，"大雪压青松，青松挺且直""万丈危崖上，根深百尺中"揭示了松树面对风雪傲然挺立、无畏无惧、坚贞不屈的品格，被历代文人视为君子品行的象征。

梅花秀美多样，花姿优美多态，花色艳丽多彩，气味芬芳袭人。梅花品格高尚，铁骨铮铮。它不怕天寒地冻，不畏冰雪，不惧风霜，不屈不挠，昂首怒放，独具风采。梅花一向是诗人赞颂的对象，其中林逋的"疏影横斜水清浅，暗香浮动月黄昏"是梅花以雅致、韵味取胜的千古绝句。"万花敢向雪中出，一树独先天下春""俏也不争春，只把春来报。待到山花烂漫时，她在丛中笑"，歌颂了梅花坚强不屈、超脱凡俗的傲骨。园林中以梅花命名的景点极多，如梅岭、梅岗、梅坞、梅溪、梅花山等。

竹子清雅隽秀、坚韧挺拔、高风亮节，历来为文人墨客所喜爱。例如，"未出土时先有节，便凌云去也无心。""咬定青山不放松，立根原在破岩中。千磨万击还坚劲，任尔东西南北风。"可谓千古绝唱！竹子被视为最有气节的君子，不附权贵，不避贫寒，坚韧不拔，宁折不弯。

兰花叶形飘逸，花姿秀丽，花色淡雅，香味清新。兰花生长在深山幽谷中，故有"空谷佳人"的美称。李白有"幽兰香风远，蕙草流芳根"的千古佳句，表达了对兰花的赞美。俗话说，"庭院有兰，清香弥漫；居室有兰，满堂飘香"。兰花以它独特的自然魅力、高雅的艺术魅力，赢得了人们的青睐。

牡丹素有"国色天香""花中之王"的美称。牡丹是我国的国花，其雍容华贵、富丽堂皇、倾国倾城，自古就有富贵吉祥、繁荣昌盛的寓意。牡丹劲骨刚心的形象，让不少文人赞叹。李清照在《庆清朝·禁幄低张》中写出了牡丹的容颜、姿态、神采，展现了其在风月丛中与春为伴、傲然怒放的自信和坦荡："待得群花过后，一番风露晓妆新。妖娆艳态，妒风笑月，长殢东君。"牡丹适于在园林绿地中自然式孤植、丛植或片植；也适于布置花境、花坛、花带、盆栽观赏。

　　桃花在民间象征着幸福、好运，《诗经·周南》中有"桃之夭夭，灼灼其华"的名句。桃花又和爱情相关联，唐诗有："去年今日此门中，人面桃花相映红。人面不知何处去，桃花依旧笑春风。"人们把感情寄托在桃花上，将美丽的往事抒发在诗情中。在园林中，桃树常与柳树间植，形成桃红柳绿的景观。

　　植物景观意境创造取决于设计者的艺术修养和文化底蕴。设计者应不断积累文化知识，加强自身修养，这样才能设计出景观美和意境美完美结合的园林景观。

第三章　园林植物景观设计的内容和方法

第一节　园林植物景观设计的内容

一、园林植物景观规划

园林植物景观的建设是生态城市建设的重要内容。园林植物包括乔木、灌木、草本植物、藤本植物。在园林植物景观规划中，设计者应遵循相关植物的生长规律，构建绿植生态体系。

我国许多城市在绿化建设上存在着同质化的现象，对园林植物的定位不够清晰，缺乏一个完整、科学、合理的绿化系统。需要指出的是，在规划大型景观种植项目时，大部分城市往往能构建众多的绿植景观，也不会出现重复现象，同时还可以体现城市或者区域的绿植景观特点。

园林植物景观规划的主要任务是选择各种植物，然后进行相应的组合，使其与周围的建筑及环境相协调。未来的植物造景规划工作将影响现代园林绿化工程。在园林植物景观规划中，设计者应有效规划植物景观，考虑植物景观在未来的发展。周边环境的调整主要是促进植物景观与山水园林的融合。

在园林植物景观规划中，为充分实现植物的价值，设计者应合理配置植物景观，体现环保理念，营造理想的自然生态环境。

（一）园林植物景观规划的原则

1.观赏性原则

设计者应充分了解和掌握植物的观赏特性及造景功能，根据美学原理，合理搭配植物，既要体现植物群落的美感，又要注重艺术与科学的结合。要对所营造的植物景观有预见性，在植物的生长周期中，能体现整体植物景观的观赏价值。

2.生态性原则

植物景观设计应与生态理论相结合，在体现景观特点的前提下，尽可能减少对原有生态环境的破坏，确保植物能正常生长，使人工环境与自然环境互利共生，促进植物群落稳定发展，实现物种的多样化、本土化，从而营造生态平衡、环境优美的游憩环境。

3.适地适树原则

设计者在配置植物时，应以乡土树种为主。乡土树种的优势在于更易存活且长势良好，对当地生态环境的破坏程度最低，相对而言也更加经济、适用。

4.文化性原则

设计者应充分利用植物自身的文化特性及象征意义，使其与环境相融合，以满足不同的植物景观需求，使景观表达更加生动、具体，富有意境美。

5.时效性原则

设计者在进行园林植物景观规划时，既要充分考虑长期与短期的景观效果，也要考虑达到预期效果需要多长时间。此外，植物最大的特点就是富有季相变化，设计者可以根据植物的这一特点营造出富于变化的季相景观，赋予整体景观动态美和变化美。

（二）园林植物景观规划的策略

1.统一规划，增强生态性

在进行规划前，有关部门要对城市的结构、风貌进行分析，根据土地的不同形态，科学、协调、合理地布局，使整个园林的设计更加完整、系统，与整个城市的环境相协调。同时，在规划的时候，设计者要做到以人为本，满足人类的基本需要。这样才能使城市环境生态化、自然化，使景观兼具观赏性和实用性，从而促进现代都市的发展。

在进行园林景观规划时，设计者应对园林植物的现状进行调研，了解其特征，对其生长特性有较深入的认识。设计者事先了解植物面临的病害，明确植物的状态，保证其正常生长，是防治植物病害的关键。同时，设计者也要对建筑与植物的相互关系进行分析，避免道路及周边建筑对植物产生不利影响，从而促进植物健康生长。设计者要了解园林的地貌，合理规划园林的种植区域；要测定土壤状况，明确其含水量，并制订栽植方案；要了解园地的水文、水源流向、面积等信息；还要熟悉园林的水循环系统，以保证栽种的合理性。

2.因地制宜，注重地域特色

我国不同城市树种的分布有明显差异，既有南北差异，又有东西差异。受地域和气候条件的影响，各地区的植物景观不尽相同。因此，在进行园林植物景观规划时，设计者应根据地域特点，选取适合的树种，提倡以本土树种为主。同时，应系统地引入适应性强、观赏价值高的外来植物，增强地域特色，使其形成具有鲜明特色的都市景观。

3.科学规划与设计

设计者要全面认识园林的具体环境，并按照其设计目标进行植物景观规划；还应清楚地认识园林的设计意图，并使其达到预期的效果。设计者要最大限度地发挥园林景观的价值，就要把握植物的季节色彩，从而营造出鲜明的主题特色，增强园林的审美性。

设计者应合理地估计植株的生长状况。在植物景观设计中，其应注重植物的特性。设计者要按照风景园林的风格来规划，科学地选取不同类型的植物，营造出与园林整体风格相协调的风景带。在设计园林的立体景观时，应合理选用不同的绿化树种，并注重病虫害的防治，以保护生态环境。

在园林植物景观的规划过程中，设计者应注重植物的花期特征，如春季、夏季可选用向日葵、荷花等。设计者要充分考虑到园林中的各种元素,如植物的特征、色彩等,以增加园林的美感。在规划过程中,设计者可将植物的种类、种植区域一一标注在图纸上。设计者可根据植物群落的形态,绘制园林植物的立体图,将植物的设计重点标记在立体图上,以显示植物的养护方式和植物的品质要求。此外,设计者还应制定合理的项目预算,以保证工程进度。

4.保存与改造相结合,增添艺术气息

在现代园林植物景观的规划中,设计者可以吸取中国古典园林的精髓,借鉴西方的先进技术,并根据当前的城市建设实际,有选择地对其加以应用,使现代城市建设的景观更为丰富。每一座城市都有其独特的历史文化氛围,因此在进行规划时,设计者要充分尊重原有的地形地貌和建筑设施,并尽量充分利用原有的文化遗址,使其成为一道新的风景线。在保护与利用原有植被、地形、水系时,应避免盲目推倒重建,从而保护原有的自然景观,增强景观的艺术性。

5.充分考虑到自然因素,反映自然规律

现代都市园林融自然因素和人文因素为一体,其设计应充分考虑气候、地形等因素。园林景观的规划设计必然离不开自然因素。因此,在园林景观的规划中,设计者必须充分考虑各种自然因素,并对其进行合理的分析。例如,要根据当地气温和日照的变化选择不同的植物进行搭配;还可根据一年的气温、降雨和湿度变化,选择适合的花卉。

6.加大研究力度

在园林植物景观施工过程中,事故时有发生,这会对园林产生负面影响,严重时甚至会影响整体设计效果。因此,设计者必须加大研究力度,调查和分析可能出现的情况,寻找不同的处理方法,发挥园林植物的作用,确保园林造景达到预期效果。在施工期间,设计者必须指导施工人员科学地种植植物,以增强植物的生存能力,确保园林植物景观发挥应有的作用。

二、园林植物景观空间设计

（一）园林植物景观的空间特征

每个植物都有其生长习性，不同树木在不同的生长阶段，会展现出不同的色彩，呈现出不同的姿态，从而带给人们不同的体验，因此设计者要对其进行错落有致的搭配。

园区内部植物是景观空间的主要构成材料，它们具有运动性，而且植物的生长会随着时间的变化而变化，其本身就具有空间立体特征。可塑性园林植物的空间可大可小，对植物的限定不像建筑物那么严苛，而且园林植物空间有丰富的层次性。

首先，植物景观具有一定的艺术性。植物景观在颜色、质地以及形象上具有突出的特点。人们在欣赏植物环境时，除了会观察植物本身的外形特征，还要结合空间环境的特点加上自己的理解，才能更好地感受植物景观空间的魅力。其次，评价的多元化。在评价园林植物景观时，评价群体较多，群体的素质和层次具有较大的差别。在对某一园林植物景观进行评价时，评价者会从不同的出发点进行考虑，因而并不是所有的评价者都能对园林植物景观进行科学评判。最后，植物景观具有整体性的特征。现阶段，设计者不仅要注重园林植物景观基本的要素设计，还要协调全局，这样才能保证从每个角度去看都是协调的。具体来讲，设计者要结合植物景观的特点进行分析，确保组群之间的结构和谐，进而更好地表现其整体性。

对植物进行不同的搭配设计，可创造不同的环境，展现出不同的效果。不同的植物搭配起来会产生不同的艺术效果、景观效果，设计者可以在一定区域内将一些植物作为背景，让其跟小品和山水组合成优美的环境。要结合各园林的主题，突出设计的重点，以不同的空间形态展现园林的特色；要选择合适的植物进行搭配，通过多种植物的合理搭配，展现不一样的空间、色彩和风格。

例如，大块的花丛能给人带来明快的感觉；在园林中开辟的小道，能给人带来曲径通幽的感觉。

设计者要从立体空间入手，选择恰当的材料，结合植物的季节特征进行灵活设计。园林植物的整体色调是绿色系，具有一定的协调、平衡作用。在绿色环境中，设计者科学地选择植物配置，并结合空间环境进行调整，能够促进绿色空间的发展。

（二）园林植物景观空间的构成要素

园林植物景观空间是指由不同形态的植物共同组成的风格独特的空间结构。一般情况下，园林植物景观空间会随着不同的季节发生改变。园林植物景观空间往往由以下要素构成：

1.基面

最基本的空间范围一般是由空间的基面构成的，这样能确保空间视线以及周边环境的连续性。一般情况下，草坪、花坛及相对低矮的植物会被应用于其中。

2.垂直分隔面

园林植物景观的垂直分隔面，是由一定高度的植物所构成的面。它能表现出鲜明的空间氛围和空间立体结构，进一步塑造良好的空间立体效果。具体来说，树干往往是一个外部空间的支柱，植物叶丛的疏密程度、枝叶的整体高度都会影响整个空间的氛围和状态。比如，阔叶或针叶林会逐渐变得茂密，并且体积会越来越大，氛围感逐渐增强。而落叶植物会随着季节的不同而不断变化。落叶植物是依靠枝叶影响空间范围的。对此，常绿植物在竖向的分割面上，能够处于一个稳定的状态。

3.覆盖面

覆盖面通常与分枝点高度有关。大型植物的树冠相互衔接，能够通过一定的方式构成一个完整的覆盖面。覆盖面的高度与支点需满足一定的条件，才能更好地形成一个覆盖面。植物空间的覆盖面往往由分支点高度在人身高以上的树枝形成，覆盖面能够根据夏季和冬季的四时变化而变化，夏季的封闭感较强，冬季的封闭感较弱。

4.时间

园林植物景观空间具有时间上的特殊性，在不同的时间段，植物会发生相应的变化。植物在四季的周期状态、发育情况都不同，因此，设计者要关注在季节更替变化的过程中，植物色彩的变化，进而塑造一个动态的园林植物景观空间。

（三）园林植物景观空间设计的原则

1.具有生态性与经济性

园林植物景观空间设计工程是依附于城市基础建设工程而存在的，是新时代城市化进程加快与人们的需求不断增长的产物。因此，在进行植物景观空间设计时，设计者首先要注意的就是不能改变当地的生态环境，破坏当地的生态平衡。其次，还要使设计工作与城市总体规划建设相适应，与当地的经济发展情况相适应，做到"最小的投入，最大的回报"，不能只顾眼前的利益，对园林植物景观"过度透支"，这样不仅会造成资源浪费，还会对城市化的进程产生干扰。

2.整体性与美学兼顾

园林植物景观空间设计工作的出发点应该是整个园林整体或者是整个城市规划工程整体，不能仅仅局限于对细小景物的把握。应从整体入手，在对整个设计工程有清楚的了解之后再去精雕细琢，这样才能保证设计出来的景物有层次感，更具吸引力。"美"的标准自然不必说，要达到这样的设计要求，设计者还需要不断学习，紧跟时代潮流，源于生活、回归生活，才能设计出最贴近大众的作品。

3.尊重评价的多样化

园林景物设计具有特殊性。一个作品诞生之初就要接受不同审美水平的欣赏者的评价。设计者不仅要考虑到如何最大限度地将作品与周围环境融为一体，还需要最大限度地满足每一位欣赏者的需求。

（四）园林植物景观空间设计手法

1.景观空间设计的简洁性

简洁的设计是目前设计者比较关注的一种设计方法。相比过去使用复杂线条吸引公众的注意力，简洁设计也能够起到吸引公众关注的作用。重复是简洁设计的技巧之一，而且重复也是当前水平比较高的设计方法。重复虽然简单，但不是单调地去展现植物的形态，而是将具有相同色彩和质感的植物放在一起，不仅不会让公众觉得呆板，反而会给公众带来一种宁静、舒适的感觉。使用同种植物简单重复或者应用一个植物组群重复搭配的树木，合理组合花草色彩，通过一定组合改变，能够让植物景观不至于显得太过单调。

2.景观空间设计的多样性

单调的主图会让公众感觉乏味，设计者要通过合理的变化创造更加吸引人的景色。创造植物景观时，设计者应合理配置植物，保持整个景观设计的和谐性，利用低调的植物构图。设计者可通过植物之间的对比，营造更多的跳跃感，让公众感到恬静和舒适。

现代化的景观构造往往是从宏观布局的角度入手，深入到园林区域内，除了科学布置园林内部各植物群落的结构，也要使各植物群落内部结构和外形相互结合，展现不同群落的特征。植物景观的自身结构可以展现不同的色彩，呈现不同的形状。同时，景观构造也应体现地域性特征。

设计者还应根据植物的形态特征设计园林植物，充分利用具有相似元素的植物，进而创设协调统一的画面。与此同时，需要结合植物景观的季节性特点，增加景观的层次。对此，设计者需要在前期考察植物景观的特征，分析植物一年四季的状态变化。植物在每个季节的变化特点都不同，不同植物的形态、颜色及触感均不一样，对空间塑造也会有较大的差异。春季，树枝冒新芽；夏季，树叶更加浓密，颜色鲜亮；秋季，树叶变得枯黄，气氛萧瑟；冬季，叶片会随风掉落，树上的叶片零零散散。

3.突出景观空间设计的重点

选择主景时，要观察主景树木的色彩。在一个植物种群中，设计者可以通过孤植突出造景的重点，使丛植树木起到点缀作用。多种色彩的冲突能展现某种主题色彩，更好地吸引公众眼球。此外，还可以在景观空间设计时，设计者通过植物不同色彩的搭配，使其形成和谐景观。

园林中有大量植物，如灌木、乔木，这些植物会在不同程度上展现出不同的颜色、不同的高度。设计者若将其错落搭配，可以展现出不一样的空间感。半敞开空间的私密性不强，因此将植物高度控制在人们的视觉线以下即可。封闭式空间是利用乔木树冠形成遮盖面，并利用乔木遮挡视线，让周边植物形成封闭的空间。在植物景观空间构建的过程中，设计者要突出景观空间设计的重点，采取多元化的手法，打造符合当下审美标准的园林植物空间景观。

4.景观空间设计的均衡性

植株在生长过程中，会展现出不对称的特征。在设计园林植物景观空间时，设计者要保持多方景物的平衡，使一定范围内的景观背景色彩不会发生巨大变化，从而使背景色与前景色相平衡，确保植物景观具有层次感。

5.控制景观空间设计比例

在园林设计过程中，设计者要恰当控制景观空间设计的比例。人们看见一些物体时，会与身边的物体进行对比。恰当的物体尺寸可以给人带来亲切感，这是当前设计者需要关注的重点内容。例如，使用黄金比例进行设计。

第二节　园林植物景观设计的方法

一、植物布局的形式

园林植物布局形式的形成，与世界各民族、国家的文化传统、地理条件等综合因素的作用是分不开的。具体来说，园林植物的布局形式主要有四种：规则式、自然式、混合式、抽象图案式。

（一）规则式

规则式植物配置，一般配合中轴对称的总格局来应用。树木配置以等距离行列式、对称式为主；花卉通常布置为以图案为主要形式的花坛和花带，有时候也布置成大规模的花坛群。一般在主体建筑物附近和主干道路旁采用规则式植物配置。

规则式种植形式源于欧洲规则式园林设计。欧洲的建园布置标准要求体现征服自然、改造自然的指导思想。西方园林的种植设计形式不可能脱离全园的总布局，在强烈追求中轴对称、成排成行、方圆规矩规划布局的系统中，产生了建筑式的树墙、绿篱，行列式的种植形式，树木被修剪成各种造型。

例如，法国勒诺特尔式园林中就大量使用了排列整齐、经过修剪的常绿树。随着社会、经济和技术的发展，这种刻意追求形体统一、错综复杂的图案装饰效果的规则式种植方式已显示出其局限性，尤其是需要花费大量的劳动力和资金进行养护。

但是，在现代园林设计中，规则式种植作为一种设计形式仍然是不可或缺的，只是需要赋予其新的含义，避免过多的整形修剪。例如，在许多人工化的、规整的城市空间中，规则式种植就十分适宜。而稍加修剪的景观，对提高城市街景质量、丰富城市景观也不无裨益。

（二）自然式

自然式的植物配置，要求反映自然界植物群落之美，将植物以不规则的株行距配置成各种形式。植物的布置方法主要有孤植、丛植、群植和密林等几种；花卉的布置则以花丛、花境为主。公园、风景区植物配置和住宅庭园植物配置通常采用自然式。

中国园林常常强调借花木表达思想感情，同时以中国画的画论为理论基础，追求自然山水构图，寻求自然风景。传统的中国园林，不对树木进行任何整形，即园林植物的种植方式为自然式种植，这一点正是中国园林和日本园林的主要区别之一。

18 世纪，英国形成了与法、意规则式园林风格迥异的自然式风景园，风景园中的植物以自然式栽植为主，植物的种植方式很简单，通常只用有限的几种树木组成林带，草坪和落叶乔木是园中的主体，有时也有雪松和橡树等常绿树。例如，在一些庭园中，树群常常仅由一两种树种（如桦树、栎树或松树等）组成。

18 世纪末到 19 世纪初，英国的许多植物园从其他地区（尤其是北美）引进了大量的外来植物，这为种植设计提供了极丰富的素材。以落叶树占主导的园林也因为冷杉、松树和云杉等常绿树种的栽种而改变了以往冬季单调、萧条的景象。尽管如此，这种仅靠起伏的地形、空洞的水面的种植形式，还是难以摆脱单调和乏味的局面。

美国早期的公园建设深受自然式这种种植形式的影响。有学者甚至将这种种植形式称为公园-庭园式的种植，并认为真正的自然植被应该层次丰富，若仅仅将植被划分为乔灌木和地被，或像英国风景园中只采用草坪和树木两层的种植形式都不是真正的自然式种植。自然式种植注重植物本身的特性，植物间或植物与环境间生态和视觉上关系的和谐，体现了生态设计的基本思想。

生态设计是一种取代有限制的、人工的、不经济的传统设计的新途径，其目的就是创造更自然的景观，提倡种植种群多样、结构复杂和竞争自由的植被。例如，20 世纪 60 年代末，日本学者宫胁昭提出用生态学原理进行种植设计，将所选择的乡土树种幼苗按自然群落结构密植于近似天然森林土壤的种植带上，利用种群间的自然竞争，保留优势种。二三年内可郁闭，十年后便可成林。这种种植方式管理粗放，形成的植物群落具有一定的稳定性。

（三）混合式

所谓混合式种植，主要指将规则式种植、自然式种植交错组合，没有或形不成控制全园的主轴线和副轴线，只有局部景区、建筑以中轴对称布局。一般情况下，多结合地形，在原地形平坦处，根据总体规划需要安排规则式的种植布局。在原地形较复杂，有起伏不平的丘陵、山谷、洼地的地区，可结合地形采用自然式种植。

但需注意的是，在一个混合式园林中，还是需要以某一种植形式为主，另一种植形式为辅，否则缺乏统一性。事实上，在现代园林设计中，纯规则式种植和纯自然式种植的园林基本上很少出现，在园林植物布局形式方面，大多采用的是混合式。混合式植物种植设计，强调传统手法与现代形式的结合。

（四）抽象图案式

与上述几种种植设计方式均不相同的是巴西著名设计者马尔克斯（R. B. Marx）早期提出的抽象图案式种植方法。由于巴西气候炎热，植物自然资源十分丰富，马尔克斯从中选出了许多种类作为设计素材，组织到抽象的平面图案之中，形成了不同的种植风格。从他的作品中就可看出，马尔克斯深受克利（P. Klee）和蒙德里安（P. C. Mondrian）的立体主义绘画风格的影响。其种植设计理念提倡从绘画中寻找新的构思灵感，反映了艺术和建筑对园林设计具有深远影响。

在马尔克斯之后的一些现代主义园林设计者，也十分重视艺术思潮对园林设计的渗透。例如，美国著名园林设计师沃克（P. Walker）和舒沃兹（M. Schwartz）的设计作品中，就分别带有极少主义抽象艺术和通俗的波普艺术的色彩。这些设计师更注重园林设计的造型和视觉效果，设计往往简洁，偏重构图。他们将植物作为一种绿色的雕塑材料组织到整体构图之中，有时还单纯从构图的角度出发，用植物材料创造一种临时性的景观。甚至有的设计还用风格迥异、自相矛盾的种植形式烘托和诠释现代主义设计理念。

二、园林树木配置

设计者在进行树木配置设计时，首先应熟悉树木的大小、形状、色彩、质感和季相变化等。园林树木配置的形式虽然很多，但都是由以下几种基本组合形式演变而来的：

（一）孤植

孤植是指乔木的孤立种植类型。孤植树主要表现树木的个体美，从园林功能的角度看，其可分为两类：一是单纯体现构图艺术的孤植树；二是作为园林中庇荫和构图艺术相结合的孤植树。孤植树的构图位置应该十分突出，株形要特别巨大，或树冠轮廓富于变化、树姿优美、开花繁茂、叶色鲜艳。

孤植树最好选用乡土树种，而且应尽可能利用原有大树。可以成为孤植树的树种有很多，如银杏、槐树、榕树、香樟、悬铃木、柠檬树、白桦、无患子、枫杨、柳树、青冈栎、七叶树、麻栎等。也可选择观赏价值较高的树种，如雪松、云杉、圆柏、南洋杉、苏铁等，它们的轮廓端正而清晰。此外，罗汉松、黄山松、柏木等具有优美的姿态；白皮松、白桦等具有光滑可赏的树干；枫香、元宝枫、鸡爪槭、乌桕等叶片颜色会随着季节的变化而变化；凤凰木、樱花树、梅树、广玉兰、柿子树、柑橘树等具有缤纷的花色或可爱的果实。

所谓孤植树，并不意味着只能栽一棵树，有时为了构图需要，增强其雄伟感，也常将两株或三株同一树种的树木紧密地种在一起，形成一个单元。在园林中，孤植树常被布置在大草坪或林中空地的构图重心上，与周围的景点相呼应。其四周要空旷，不可近距离栽植其他乔木和灌木，以保持其独特风姿。

此外，要留出一定的视距供游人欣赏，一般最适宜观赏的距离为树木高度的3～4倍。在自然式园路或河岸溪流的转弯处，也常要布置姿态、线条、色彩特别突出的孤植树，以吸引游人继续前进，所以这些孤植树又叫诱导树。另外，孤植树也是树丛、树群、草坪的过渡树种。

（二）对植

对植是指两株树按照一定的轴线关系以相互对称或均衡的方式种植，主要用于强调公园、建筑、道路、广场的入口。

在规则式种植中，同一树种、同一规格的树木按照主体景物的中轴线进行对称布置，两树的连线与轴线垂直并被轴线等分。规则式种植一般采用树冠整齐的树种。

在自然式种植中，对植不要求绝对对称，但左右是均衡的。自然式园林的进口两旁，桥头、蹬道、石阶的两旁，河道的进口两边，闭锁空间的进口，建筑物的门口，都需要有自然式的进口栽植和诱导栽植。自然式对植以主体景物的中轴线为支点，形成均衡关系。

（三）列植

列植又称行列栽植，是指成行、成列栽植树木的形式。它能营造较为整齐、单纯而有气魄的景观效果。列植是规则式园林绿地中应用较多的栽植形式，多用于建筑、道路、地下管线较多的地段，列植与道路配合可形成夹景效果。

列植宜选用树冠体形如圆形、卵圆形、倒卵形、塔形、圆柱形等比较整齐的树种，而不选枝叶稀疏、树冠不整齐的树种。行列距取决于树种的特点、苗木规格和园林主要用途。列植可分为单行或多行列植。多行列植形成林带，也叫带植。单一树种的带状组合常常是高篱形式，犹如一堵"绿墙"；多个树种的带状组合常常是多层次的，具有一定厚度。

背景树最好能形成完整的绿面，以衬托前景。背景树一定要高于前景树，宜选择常绿、分枝点低、绿色度深或与前景植物对比强烈、树冠大、枝繁叶茂、开花不明显的乔灌木，如圆柏、雪松、香樟、黄葛树、榕树、广玉兰、垂柳、珊瑚树、海桐等。

列植还有直线状和曲线状等形式，如出现在现代公园、广场、住宅小区等公共空间中的树阵广场形式，树木以多种方式列植，配合坐凳，为市民提供了集生态、观赏、休闲多重功能为一体的空间环境。在树种选择上，可选择银杏、香樟、广玉兰、棕榈科植物等，因为这些植物的观赏与遮阴效果较好。

（四）丛植

丛植通常是由两株到十几株乔木或乔、灌木自然式组合而成的种植类型，是园林中普遍应用的方式，可用作主景或配景，也可用作背景或空间隔离。丛植配置应符合构图的艺术规律，既能表现出植物的群体美，又能表现出树种的个体美，因此选择单株植物的条件与孤植树相似。树丛在功能和布置要求上基本与孤植树相同，但其观赏效果比孤植树好。

纯观赏性或诱导性树丛可以用两种以上的乔木搭配栽植，或乔、灌木混合配置，亦可同山石花卉相结合。庇荫用的树丛通常采用树种相同、树冠开展的高大乔木，一般不与灌木配合。树丛下面还可以放置自然山石，或安置座椅供游人使用。但园路不能穿越树丛，避免破坏其整体性。

丛植配置的基本形式如下：

1.两株配合

两株树紧靠在一起，形成一个单元。两株树为同一树种，但两者的姿态、大小有所差异，才能既有统一又有对比，正如明朝画家龚贤所说："二株一丛，必一俯一仰，一欹一直，一向左一向右。"两株间的距离应该小于两树冠半径之和，距离若过远则容易形成分离现象，就不能称其为树丛了。

2.三株配合

三株配合最好采用姿态大小有差异的同一种树，栽植时忌三株在同一直线上或成等边三角形。三株的距离都不要相等，其中最大的和最小的要靠近一些成为一组，中间大小的要远离另两株树自成一组，两组之间彼此应有呼应，使构图和谐。如果采用两个不同树种，则最好同为常绿或同为落叶，或同为乔木或同为灌木，其中大的和中的为同一树种，小的为另一树种，这样就可以使两个小组既有变化又有统一。

3.四株配合

四株一丛搭配仍以姿态、大小不同的同一树种为好，组合的原则以 3 : 1 为宜。但最大的和最小的不能单独为一组，否则就失去了平衡和协调。其平面位置呈不等边四边形或不等边三角形。如果选用不同的树种，则应该使最小的为另外一种树木，并且种植在紧靠最大者的一边。

4.五株配合

五株一丛的搭配组合可以是一种树或两种树，分成3 : 2或4 : 1两组。若为两种树，一种三株，另一种两株，应分配在两组中，不能分别集中在一组。三株一组的组合原则与三株树丛的组合相同，两株一组的组合原则与两株树丛的组合原则相同。但是两组之间距离不能太远，彼此之间也要有呼应。

5.六株以上的配合

实系二株、三株、四株、五株几个基本形式相互组合而已，故《芥子园画传》中有"以五株既熟，则千株万株可以类推，交搭巧妙，在此转关"之说。树丛因树种的不同分为同种树树丛和多种树树丛两种。同种树树丛是由同一种树组成的，但在株形和姿态方面应有所差异；在总体上既要有主有从，又要相互呼应；用同种常绿树可创造背景树丛，能使被衬托的花丛或建筑小品轮廓清晰，对比鲜明。多种树树丛常用高大的针叶树与阔叶乔木相结合，四周配以花灌木，不同的树种在形状和色调上能形成对比。

树丛在各类绿地中应用很广，既可用来创造主景，也可用来创造具备观赏功能的配景、分景等，特别是在公园、庭园中更为普遍。例如，公园岛屿上常用红叶树、花灌木来布置树丛，从而产生丰富的景观和色彩变化。在道路的转弯处、交叉路口、道路尽头等处布置的树丛，还有组织交通的功能。在公园中配置树丛，一定要注意留出树高 3～4 倍的观赏视距。树丛还可以和湖石等相组合，种植在庭园角隅，创造自然小景。

（五）群植

由 20～30 株甚至更多的乔灌木成群自然式配置，称为群植。这样的树木群体称为树群。树群主要是表现树木的群体美，因此对单株的外貌要求并不严格。但是组成树群的每株树木，在群体外貌上都要起到一定的作用，都要能被观赏者看到，所以规模不可过大，一般长度不大于 60 m，长宽比不大于 3∶1。

树群在园林功能和布置要求上与树丛和孤植树类似，不同之处是树群属于多层结构，水平郁闭度大，林内潮湿，不便解决游人入内休息的问题。树群在园林中常作为背景使用，在自然风景区中也可作为主景。树群中树木种类不宜太多，以 1～2 种为基调，并有一定数量的小乔木和灌木作为陪衬，种类不宜超过 10 种，否则会产生凌乱之感。树群可采用纯林，更宜采用混交林。在外貌上应注意季节变化。树群内部的树木组合必须符合生态要求，从观赏的角度来说，高大的常绿乔木应居树群中央，花色艳丽的小乔木应在树群外缘，避免被遮盖。

但其任何方向上的断面，都不能像金字塔一样依次排列下来，林冠线要有起伏错落，水平轮廓要有丰富的曲折变化，靠近树群向外突出的边缘可布置一些大小不同的树丛和孤植树。树木栽植要有疏有密，外围配植的灌木、花卉都要成丛分布，交叉错综，有断有续。栽植的标高要高于草坪、道路或广场，以利排水，树群中也不允许有园路穿过。

（六）树林

树林是大量树木的总体，它不仅面积大，而且具有一定的密度和群落外貌，对周围环境有着明显的影响。为了保护环境、美化城市，除市区内需要充分绿化外，城市郊区也需要栽植大片树林。这里的树林与一般所说的森林概念有所不同，因为树林从数量到规模一般都不能与森林相比，除此之外还要考虑艺术布局来满足游人的需要。

树林可粗略地分为密林和疏林两种：

1.密林

郁闭度在0.7～1.0，阳光很少透入林下，所以土壤湿度很大，地被植物含水量高、组织柔软脆弱，是经不起踩踏和容易弄脏人们衣服的阴性植物。树木密度大，不便游人活动。密林又有单纯密林和混交密林之分。

单纯密林是由一个树种组成的，它没有垂直郁闭的景观和丰富的季相变化。为了弥补这一缺点，设计者可以采用异龄树种造林，结合起伏变化的地形，使林冠得到变化。林区外缘还可以配置同一树种的树群、树丛或孤植树，增强林缘线的曲折变化。林下可配置一种或多种开花华丽的耐阴或半阴性草、木本花卉，以及低矮开花繁茂的耐阴灌木。单纯配植一种花灌木有简洁壮阔之美，多种混交则可以形成丰富多彩的季相变化。为了增强林下景观的艺术效果，单纯密林的水平郁闭度不可太高，最好在0.7～0.8，以利地下植被的正常生长，增强其可见度。

混交密林是一个具有多层结构的植物群落，即大乔木、小乔木、大灌木、小灌木、高草、低草各自根据自己的生态要求和彼此相互依存的条件，形成不同的层次，所以混交密林的季相变化比较丰富。供游人欣赏的林缘部分，其垂直层构图要十分突出，但也不能全部塞满，以免影响游人欣赏林地特有的幽邃、深远之美。

为了能使游人深入林地，密林内部可以有自然园路通过，但沿路两旁垂直郁闭度不可太大。必要时还可留出面积大小不同的空旷草坪，利用林间溪流水体种植水生花卉，再附设一些简单构筑物以供游人做短暂的休息或躲避风雨之用。

大面积的密林可采用片状混交的种植方式，小面积的密林多采用点状混交的种植方式。同时要注意常绿树与落叶树、乔木与灌木的配合比例，以及植物对生态因子的要求。

单纯密林和混交密林在艺术效果上各有特点，前者简洁壮阔，后者华丽多彩，两者相互衬托，特点更为突出，因此不能偏废。

2.疏林

郁闭度在 0.4～0.6，常与草地相结合，故又称草地疏林。草地疏林是风景区中应用最多的一种形式，也是林区中吸引游人的地方。不论是鸟语花香的春天、浓荫蔽日的夏天或是晴空万里的秋天，游人总是喜欢在林间草坪上休息、看书、野餐等。即使在白雪皑皑的严冬，草坪疏林内仍然别具风味。所以，疏林中的树种应具有较高的观赏价值，树冠应开展，树荫要疏朗，花和叶的色彩要丰富，树枝线条要曲折多致，树干要好看，常绿树与落叶树的搭配要合理。

树木种植要三五成群、疏密相间，要有断有续，错落有致，以使构图生动活泼。林下草坪应该含水量较少，组织坚韧耐践踏，不污染衣服，最好冬季不枯黄，尽可能满足游人在上面活动的需求。为了能使林下花卉生长良好，乔木的树冠应疏朗一些，不宜过分郁闭。

（七）绿篱

将小乔木或灌木按单行或双行密植，形成规则结构形式的围墙，称为绿篱。庭院四周、建筑物周围常用绿篱四面围合，形成独立的空间，以增强庭院、建筑的安全性、私密性。街道外侧常用较高的绿篱分隔，可减少车辆产生的噪声污染，创造相对安静的空间环境。一些园林会将绿篱做成迷宫，以增强园林的趣味性，或做成屏障引导游人的视线聚焦于景物。

绿篱的具体分类标准如下：

1.依绿篱高度分

高篱：篱高 1.5 m 以上，主要用途是划分空间，屏障景物。用高篱形成封闭式的绿墙比用建筑墙垣更富生气。高篱作为雕像、喷泉和艺术设施等景物的背景，可以很好地衬托这些景观小品。高篱应以生长旺、高大的种类为主，如北美圆柏、侧柏、罗汉松、月桂、厚皮香、蚊母树、石楠、日本珊瑚树、桂花树、雪柳、女贞、丛生竹类等。

中篱：篱高 1 m 左右，多配置在建筑物旁和路边，起联系与分割作用。中篱是园林中应用最多的一种绿篱，多选用大叶黄杨、九里香、枸骨、冬青卫矛、木槿、小叶女贞等。

矮篱：篱高 0.5 m 以下，主要植于规则式花坛、水池边缘。矮篱的主要用途是围定园地和作为装饰，常选择慢生、低矮的灌木类，如黄杨、小月季、六月雪等。

2.依整形方式分

根据是否需要修剪，绿篱可分为整形绿篱和自然绿篱两种。前者一般选用生长缓慢、分枝点低、结构紧密、不需要大量修剪或耐修剪的常绿灌木或乔木（如黄杨、海桐、侧柏、桃叶珊瑚、女贞等），修剪成简单的几何形体。后者可选用体积大、枝叶浓密、分枝点低的开花灌木（如桂花树、栀子树、十大功劳、小檗、木槿、枸骨、溲疏、凤尾竹等），一般不需修剪。

整形绿篱常用于规则式园林中，其高度和宽度要服从整个园林绿地的空间组织和功能要求，切忌到处围篱设防，把绿地分割得支离破碎。另外，忌在中国古典园林和名胜古迹中应用整形绿篱，因为格调不一致，会破坏园林景色。

自然绿篱多用于自然式园林或庭院，主要用来分割空间、划分范围、防风遮阴、遮蔽不良景观。栽植的植物既可以是一种，也可以是数种，但必须协调一致，搭配自然，这样才能获得较好的艺术效果。

3.依组成植物种类分

绿篱按植物种类及其观赏特性，可分为常绿篱、花篱、彩叶篱、果篱、刺篱、蔓篱等。

常绿篱：包括桧柏、侧柏、黄杨、冬青、福建茶、海桐、小叶女贞、珊瑚树、蚊母树、观音竹、凤尾竹等。

花篱：包括贴梗海棠、桂花树、紫荆、金丝梅、金丝桃、杜鹃、扶桑、木槿、麻叶绣球、连翘、九里香、五色梅等。

彩叶篱：包括金枝球柏、金叶女贞、变叶木、红桑等。

果篱：包括南天竹、枸骨、红紫珠、山楂树、火棘等。

刺篱：包括小檗、柞木、枳壳、花椒树、马甲子、蔷薇、云实等。

蔓篱：包括炮仗花、木香、凌霄等。

作绿篱用的树种必须具有萌芽力强、发枝力强、愈伤力强、耐阴力强、耐修剪、病虫害少等优良习性。设计者必须根据园景主题和环境条件精心选择绿篱。例如，同为针叶树种的常绿篱，有的树叶具有丝绒般的质感，给人以平和、轻柔、舒畅的感觉；有的树叶颜色暗绿，质地坚硬，形成宁静、肃穆的气氛。花篱不但花色、花期不同，而且花的大小、形状、有无香气等也有差异，从而形成情调各异的景色；果篱除了大小、形状、色彩各异，还可招引不同种类的鸟雀。

（八）树木间距

树木栽植的距离是树木组合需要重点关注的问题。一般是根据以下原则确定的：

1.满足使用功能的要求

如需要林冠呈现郁闭的状态，则以树冠能够相连为好，其间距大小以不同树种生长稳定时期的最大冠幅为准。例如，需要提供集体活动的浓荫环境，宜选择大乔木，间距 5～15 m，甚至更大，可形成开阔的空间；封闭空间内栽植的距离则可以小一些，如设置座椅处间距 3 m 左右即可。

2.符合树木生物学特性的要求

不同的树种生长速度不同。栽植时，人们要考虑树种稳定（即中、壮年）

时期的最大冠幅占地。尤其要考虑植物的喜光、耐阴、耐寒等生长习性，不使其相互妨碍。如樱花的树干最怕灼热，其间距宜小，可以相互遮阳；桃花喜阳，间距宜大些，但附近不能有大树妨碍其正常的生长发育。

3.满足审美的要求

设计者在配置时应力求自然，有疏有密，有远有近，切忌成行成排；还应考虑不同类型植物的高低、大小、色彩和形态特征，保证其与周围环境相协调。

4.注意经济效益

应节约植物材料，充分发挥每一株树木的作用。名贵的或观赏价值很高的树种，应配置于树丛的边缘或游人可近赏的显著位置，以充分发挥其观赏价值。

园林植物空间的树木间距可以下列数据为参考：

阔叶小乔木（如桂花树、山茶树）3～8 m；阔叶大乔木（如悬铃木、香樟）5～15 m；针叶小乔木（如五针松、幼龄罗汉松）2～5 m；针叶大乔木（如油松、雪松）7～18 m；花灌木 1～5 m。一般乔木距建筑物墙面要在 5 m 以上，小乔木和灌木距建筑物墙面的距离可适当减少（距离至少 2 m）。

总之，植物配置应综合考虑植物材料间的形态和生长习性，既要满足植物的生长需要，又要保证能创造出较好的视觉效果。

三、园林花卉配置

园林花卉因其具有丰富的色彩、优美的姿态而深受人们的喜爱，被广泛用于各类园林绿地，成为装饰园林环境，展现草本植物群体美、色彩美不可或缺的材料。在城市绿化中，常用各种草本花卉创造形形色色的花池、花坛、花境、花台、花箱等，多布置在公园、交叉路口、道路广场、主要建筑物之前，以及林荫大道、滨河绿地等风景视线集中处，起着装饰、美化的作用。

（一）花坛

在具有一定几何轮廓的植床内，种植各种低矮的、不同色彩的观花或观叶园林植物，从而构成有鲜艳色彩或华丽图案的花卉应用形式，称为花坛。花坛富有装饰性，在园林构图中常作主景或配景。花坛的主要类型与设计要求如下：

1.独立花坛

独立花坛作为局部构图的主体，通常布置在建筑广场的中央、公园进口的广场上、林荫道交叉口，以及大型公共建筑的正前方。根据花坛内种植植物所表现的主题不同，独立花坛可分为花丛式花坛和图案式花坛两种类型。

花丛式花坛是以观赏花卉本身或群体的华丽色彩为主题的花坛，栽植的植物可以是同一种类，也可以是不同种类，但必须开花繁茂，花期一致，多为一二年生花卉、宿根花卉及球根花卉。花丛式花坛要求四季花开不绝，因此必须选择生长好、高矮一致的花卉品种，含苞欲放时带土或倒盆栽植。

图案式花坛是指用各种不同色彩的观叶或叶、花俱美的植物，组成华丽图案的花坛。模纹花坛中常用的观叶植物有虾钳菜、红叶苋、小叶花柏、半边莲、半支莲、香雪球、矮藿香蓟、彩叶草、石莲花、五色草、松叶菊、垂盆草等。以一定的钢筋、竹、木为骨架，在其上覆盖泥土种植五色苋等观叶植物，创造时钟、日晷、日历、饰瓶、花篮、动物等形象的花坛，称为立体模纹花坛。常布置在公园以及庭院游人视线交点处，作为主景观赏。近年来，立体花坛的应用为花坛艺术的发展增添了新的活力。

2.花坛群

由两个以上的个体花坛组成的一个不可分割的构图整体称为花坛群。花坛群的构图中心可以是独立花坛，也可以是水池、喷泉、雕像、纪念碑等。花坛群内的铺装场地及道路，是允许游人活动的，大规模花坛群内部的铺装地面还可以放置座椅，附设花架供游人休憩。

3.花坛组群

由几个花坛群组合而成的一个不可分割的构图整体，称为花坛组群。花坛组群通常布置在城市的大型建筑广场上，或是大规模的规则式园林中，其构图中心常常是大型的喷泉、水池、雕像或纪念性构筑物等。由于花坛组群规模巨大，除重点部分采用花丛式或图案式花坛外，其他多采用花卉镶边的草坪花坛，或由常绿小灌木、矮篱组成图案的草坪花坛。

4.带状花坛

宽度在 1 m 以上，长短轴比超过 1∶4 的长形花坛称带状花坛。带状花坛常作为配景，设于道路的中央或道路两旁，以及作为建筑物的基部装饰或草坪的边饰物。一般采用花丛式花坛的形式。

5.连续花坛群

由多个独立花坛或带状花坛呈直线排列成一行，组成的一个有节奏的、不可分割的构图整体，称为连续花坛群。连续花坛群通常布置在道路、游憩林荫路，以及纵长广场的长轴线上，并常常以水池、喷泉或雕像来强调连续景观的起点、高潮和结尾。在宽阔雄伟的石阶坡道中央也可布置连续花坛群，呈平面或斜面都可以。

6.连续花坛组群

由多个花坛群成直线排列成一行或几行，或是由好几行连续花坛群排列起来，组成的一个沿直线方向演进的、有一定节奏规律的和不可分割的构图整体，称为连续花坛组群。其常常结合连续喷泉群、连续水池群以及连续的装饰雕像来设计，并且常常用喷泉群、水池群、雕像群或纪念性建筑物作为连续构图的起点、高潮或结束。

7.花坛设计要点

花坛设计，首先必须从整体环境的角度来考虑所要表现的园景主题、位置、形式、色彩组合等因素。花坛用花宜选择株形低矮整齐、开花繁茂、花色艳丽、花期长的种类，多以一二年生草花为主。

①作为主景处理的花坛，外形是对称的，轮廓与广场外形一致，但可以有细微的变化，使构图显得生动活泼一些。花坛纵横轴应与建筑物或广场的纵横轴相重合，或与构图的主要轴线相重合。但是在交通量很大的广场上，为了满

足交通需要，花坛外形常与广场不一致。例如，三角形的街道广场或正方形的街道广场，常布置圆形的花坛。

②主景花坛可以是华丽的图案式花坛或花丛式花坛，但是当花坛直接作为雕像、喷泉、纪念性构筑物的基座装饰时，其只能处于从属地位，它的花纹和色彩应恰如其分，不能喧宾夺主。

③作为配景处理的花坛，总是以花坛群的形式出现，通常配置在主景主轴两侧。如果主景是多轴对称的，作为配景的个体花坛，只能配置在对称轴的两侧，其本身最好不对称，但必须以主轴为对称轴，与轴线另一侧的个体花坛相对称。

④花坛或花坛群的面积与广场面积比，一般在 1/3～1/5。作为观赏用的草坪花坛，面积可以稍大一些，华丽的花坛面积可以比简洁花坛的面积小一些，在行人集散量很大或交通量很大的广场上，花坛面积可以更小一些。

⑤作为个体花坛，面积也不宜过大，大则鉴赏不清且易变形，所以一般图案式花坛直径或短轴以 8～10 m 为宜，花丛式花坛直径或短轴以 15～20 m 为宜，草坪花坛的直径或短轴可以大一些。

⑥花坛主要是以平面观赏为主，所以植床不能太高，为了使主体突出，常把花卉植床做得高出地面 5～10 cm。植床周围用缘石围砌，使花坛有一个明显的轮廓，同时也可以防止车辆驶入，避免泥土流失污染道路或广场。

边缘石高度通常在 10～15 cm，一般不超过 30 cm，宽度不小于 10 cm，但也不能大于 30 cm。边缘石虽然对花坛有一定的装饰作用，但对花坛的功能来说，其只处于从属地位，所以其形式应朴素、简洁，色彩应与广场铺装材料相协调。

（二）花境

花境是以树丛、树群、绿篱、矮墙或建筑物为背景的带状自然式花卉布置形式，是对自然风景中林缘野生花卉的自然生长规律加以提炼并将其应用到园林中的种植形式。花境平面轮廓和带状花坛类似，根据设置环境的不同，种植床两边可以采用平行自然曲线，也可以采用平行直线，并且最少在一边用常绿矮生木本或草本植物镶边。

花境主要选择多年生草本植物和少量的小灌木类，植物间配置是呈自然式的块状混交，主要以欣赏其本身所特有的自然美以及植物自然组合的群落美为主。花境一经建成可连续多年供人观赏，管理方便、应用广泛，如建筑或围墙墙基、道路沿线、挡土墙、植篱前等均可布置。

花境有单面观赏（2～4 m）和双面观赏（4～6 m）两种。单面观赏植物配置由低到高形成一个面向道路的斜面；双面观赏中间植物最高，两边逐渐降低，但其立面应该有高低起伏错落的轮廓变化。此外，配植花境时还应注意生长季节的变化、深根系与浅根系的种类搭配。总之，配置时要考虑花期一致或稍有迟早、开花成丛或疏密相间等，方能展示季节的特色。

花境植床应稍稍高出地面，内以种植多年生宿根花卉和开花灌木为主，在有边缘石的情况下处理方式与花坛相同。没有边缘石镶边的，植床外缘与草地或路面相平，中间或内侧应稍稍高起形成5%～10%的坡高，以利排水。

花境中观赏植物要求造型优美，花色鲜艳，花期较长，管理简单，平时不必经常更换，就能长期保持其群体自然景观。花境中常用的植物材料有月季、杜鹃、蜡梅、麻叶绣球、珍珠梅、夹竹桃、笑靥花、郁李、棣棠、连翘、迎春、榆叶梅、南天竺、凤尾兰、芍药、飞燕草、波斯菊、金鸡菊、美人蕉、蜀葵、大丽花、黄秋葵、金鱼草、福禄考、美女樱、蛇目菊、萱草、石蒜、水仙、玉簪等。

（三）花台

在 40～100 cm 高的空心台座中填土并栽植观赏植物的布置形式，称为花台。它是以观赏植物的体形、花色、芳香及花台造型等综合美为主的。花台的形状各种各样，有几何形体，也有自然形体。一般在上面种植小巧玲珑、造型别致的松、竹、梅、丁香、天竺葵、芍药、牡丹、月季等。该形式在中国古典园林中常被采用，在现代公园、机关、学校、医院、商场等庭院中也较为常见。花台还可与假山、座凳、墙基相结合，作为大门旁、窗前、墙基、角隅的装饰。

（四）花丛、花群

在自然式的花卉布置中，花丛通常是作为最小的组合单元来使用的，三五成丛，集丛为群，自然地布置于树林、草坪、水流的边缘或小径的两旁。花卉种类可为同种，也可为不同种。因花丛、花群的管理较为粗放，所以通常以多年生的宿根、球根花卉为主，也可采用自播力强的一二年生花卉。在园林构图上，其平面和立面均为自然式布置，应疏密有致，种植形式以自然式块状混交为主。

（五）花箱

用木、竹、瓷、塑料、钢筋混凝土等制造的，专供花灌木或草本花卉栽植使用的箱体，称为花箱。花箱可制成各种形状，摆成各种造型的花坛、花台，可机动、灵活地布置在室内、窗前、阳台、屋顶、大门口及道旁、广场中央。

四、草坪及地被植物配置

在地面上种植地被植物，以保持水土，界定道路和利用区，以及在需要的地带布置草皮，就像是在地面上铺一层地毯。草坪及地被植物是城市的"底色"，能对城市杂乱的景象起到"净化""简化"的作用。

（一）草坪

草坪是选用多年生宿根性、单一的草种均匀密植，成片生长的绿地。据计算，草坪上草的叶片总面积比所占地的面积大 10 倍以上，所以草坪可以防止灰尘再起，减少细菌危害。草的叶面的蒸腾作用，可使草坪上方的空气相对湿度增加 10%～20%。草坪覆盖地面，可以防止水土冲刷，保护缓坡绿色景观，冬季可以防止地温下降或地表泥泞。

草坪能为植物和花卉提供一个有吸引力的前景；草坪增加了空间的开敞感，并有助于创造景深。同时，草坪上可以举行足球、高尔夫球等比赛，而且草坪具有惊人的恢复能力；草坪植物的蒸腾作用，使得草坪成了一个凉爽、舒适的，供行人走、坐、卧的表面，因而草坪为大多数室外活动提供了一个理想的场地表面。在阴凉的秋季，草坪还可以保持午后的温度。

在大多数园林中，开阔的草坪会给人带来一种开敞的空间感。当人们漫步在草坪上时，其视觉宽度和深度会形成一种恰当的比例感。一块草坪的质地，近处粗糙、远处细腻，又增强了人们对园林景观的透视效果。不管是自然起伏的还是园林设计师设计创造的，绿茵茵的草坪总能给人带来愉悦的视觉享受。

草坪的绿色易与其他园林要素的颜色进行良好的互动，给人带来生机勃勃之感。草坪低平的平面很容易将人们的视线引向园林中的其他要素，使其他植物更为突出，而不像别的覆盖物那样分散人们的注意力。

1.草坪的分类

（1）按草坪的使用功能划分

①游憩草坪。这类草坪在绿地中没有固定的形状。一般面积较大，管理粗放，允许人们入内游憩。其特点是可在草坪内配植孤立树，点缀石景，栽植树群，周边配植花带、树丛等，中部形成空地，能容纳较多的游人。选用草种时，应以适应性强、耐踩踏的草种为宜，如结缕草、狗牙根、假俭草等。

②观赏草坪。在园林绿地中，这类草坪是专供人们欣赏景色的草坪，也叫装饰性草坪，可栽种在广场雕像、喷泉周围和建筑纪念物前等处，多作为景前装饰和陪衬景观。除此以外，还有花坛草坪。这类草坪一般不允许人们入内践踏，栽培管理要求精细，还需严格控制杂草，因此栽培面积不宜过大，宜选用植株低矮、茎叶密集、绿色观赏期长的优良细叶草类品种。

③运动场草坪。用于开展体育活动的草坪，如足球场、高尔夫球场及儿童游戏活动场草坪等。运动场草坪要选用适合某种体育活动的草种，一般情况下应选用能经受坚硬鞋底的踩踏，并能耐频繁的修剪、裁割，有较强的根系和快速复苏、蔓延等能力的草本种类。

④疏林草坪。树林与草坪相结合的草坪，也称疏林草地。多利用地形排水，管理粗放，造价较低。一般铺在城市公园或工矿区周围，与疗养区、风景区、森林公园或防护林带相结合。

另外，还有飞机场草地、森林草地、林下草坪、护坡草坪等。

（2）按草坪植物的配合种类划分

①单纯草坪，由一种草本植物组成。

②混合草坪，由多种禾本科多年生草本植物组成。

③缀花草坪，混有少量开花华丽的多年生草本植物，如水仙、鸢尾、石蒜、葱兰、韭兰等的草坪。

（3）按草坪的形式划分

①自然式草坪。充分利用自然地形或模拟自然地形起伏，创造原野草地风光的草坪。这种大面积的草坪有利于人们开展多种游憩活动。

②规则式草坪。该类草坪具有整齐的几何轮廓，多用于规则式园林中，如用于广场、花坛、路边衬托主景等。

2.草坪的设计

草坪是城市园林绿地的重要组成部分，广泛应用于各类园林用地。在水边沿岸平坦的草坪，以欣赏水景和远景为主。草坪对建筑和街景起着衬托作用，它与花卉相配，可形成各式花纹图案；与孤植树相配，可以衬托其雄伟、苍劲的风姿；与树群、树丛相配，也能起调和、衬托作用，增强树群、树丛的整体美。公园中的大草坪，在其边缘可配植孤立树或树丛，从而形成富有高低起伏和色彩变化的开阔景观。

草坪的外围配植树林，布以山石，创造山的余脉形象，增强山林野趣；草坪边缘的树丛、花丛也宜前后高低错落，又稳又透，以加强风景的纵深感。在草坪中间，除了出于特殊需要而进行适当的小空间划分，一般不宜布置层次过多的树丛或树群。例如，将造型优雅的湖石、雕像或花篮等设立在草坪的中心，能使主题突出，给人以美的享受。在庭园中设计闭锁式的草坪，可陪衬、烘托假山、建筑物和花木，借以形成相对宽敞的活动空间。例如，在杭州花港观鱼公园，全园面积 20 hm²，草坪就占了 40%左右，尤其是雪松草坪区，以雪松与广玉兰树群组合为背景，气势豪迈；还有柳林草坪区与合欢草坪区，配植以四时花木。

为保证人们的游园活动，规则式草坪的坡度可设计为 5%，自然式草坪的坡度可设计为 5%～15%，以保证排水。为避免水土流失，最大坡度不能超过土壤的自然安息角（30%左右）。

（二）地被植物配置

地被植物指那些株丛密集、低矮，经简单管理即可用于代替草坪覆盖在地表、防止水土流失，能吸附尘土、净化空气、减弱噪声、消除污染并具有一定观赏和经济价值的植物。群植的地被植物，还可以用于强化围合效果。同时，地被植物尤其是那些为蜜蜂提供花源或是为鸟兽提供果实的品种，还能为各种野生动物提供良好的栖息场所。

地被植物种类除有单子叶和双子叶草本类外，还包括一些低矮的木本植物材料。它们种类多、用途广，能适应多种环境条件，但一般不宜整形修剪，不宜践踏。地被植物的形态、色泽各异，多是多年生，特别是多能耐阴，如八角金盘、十大功劳、洒金珊瑚等很适合在林下、坡地、高架桥下使用。管理上比草坪简便，可以充分覆盖裸露地面，达到黄土不露天的目的，进一步发挥绿色植物在生态环境保护方面的作用。

园林植物空间的地被，一般有以下两种：

1.叶被

以草本或木本的观叶植物满铺地面，仅供观赏叶色、叶形的栽植面积称为叶被。它以宏观观赏为主，可营造一种"草色遥看近却无"的景观。叶被的植株一般较高，以叶形、叶色的美产生既可远赏、亦耐近观的观赏效果。

2.花被

通常是以草本花卉或低矮木本花卉于盛花期满铺地面而形成的大片地被。由于这类植物的花期一般只有数天，故最宜配合公共节日，或者是就某种花卉的盛花期特意举办突出该花特色的花节，如牡丹花节、杜鹃花节、郁金香花节、百合花节、水仙花节等。即使是同一种类的花，由于品种不同、花色不同，也可以配置成色彩丰富、灿烂夺目的地面花卉景观。

第四章 园林景观要素与植物配置

第一节 园林建筑与植物配置

在园林建筑中，设计者要结合园林建筑自身的特点以及所在区域的气候特点对园林植物进行合理配置，以有效提升园林的绿化效果，打造更具艺术性的园林绿化空间，充分发挥园林的应用价值，提升城市生态环境质量。

一、园林建筑与园林植物的关系

园林建筑是处理人、建筑与环境关系的一门学科，能为人类创造更为舒适的环境空间，发展至今已有数千年的历史。从为少数王公贵族服务到为大众服务，从单一的满足审美需求到注重生态与文化，园林建筑理念不断完善。园林建筑与园林植物是相互协调、统一的。园林植物配置是园林建筑规划的关键，生机勃勃的植物搭配典雅的园林建筑，可以实现大自然与建筑的有效结合。设计者应对园林植物进行合理规划，使园林建筑充满生机。

园林建筑不同的设计配置，使得园林植物呈现出不同的表现形式，自然美与人工美浑然一体。从视觉的角度来说，园林建筑在植物的衬托下更具生命力，同时还给人们带来了更好的审美体验。所以，园林建筑和园林植物是协调统一的，二者相互衬托，相辅相成。

（一）园林建筑对园林植物配置的影响

1.提供基址与环境条件

园林建筑的内外环境为园林植物提供了基址，使得植物能够有稳定的生长空间。在园林植物配置中，园林建筑通过遮、挡、围的作用，为各种植物提供相对适宜的生长环境。不同的植物对环境条件的需求不同，而园林建筑能够创造出满足这些需求的局部小环境，有利于植物的长期生长与发展。

2.景观构成与美化

园林建筑在园林中常常作为园林植物的背景、夹景或框景，使植物与建筑相互映衬，形成优美的景观构图。例如，私家园林中常通过建筑的围合与植物的配置，构成一幅幅富有感染力的画面。另外，园林建筑的布局灵活、多变，能够将人工美与自然美融为一体，从而提升园林植物的自然美。园林建筑的线条、色彩、轮廓与园林植物的形态、色彩、季相变化相结合，能够产生巧夺天工的奇异效果。

3.功能上相互补充

园林建筑在为人们提供休憩和活动空间的同时，也为植物的生长提供了庇护。植物的生长有助于提高空气质量、调节微气候、保持水土等，而园林建筑则为植物这些功能的发挥提供了必要的场所和条件。园林建筑与园林植物在功能上相互补充，园林建筑提供休憩和观赏的场所，而植物则通过其观赏特性和生态功能来丰富和美化环境，这种互补关系使得园林环境更加宜居。

（二）园林植物配置对园林建筑的影响

1.为园林建筑营造自然美感

园林中的硬景观主要是由点、线、面组成，与此同时，通过植物花草来进行软景观的搭配，让园林建筑的布局和配置更富生机。植物依托园林建筑获得良好的生长环境，还可以提高自身的存在价值；而园林建筑则通过植物的点缀，达到自然美和人工美相结合的更高境界，呈现出独特的自然美感。

2.让园林建筑的意境更突出

每一个园林建筑都有其不同的存在价值，或是为了丰富城市、小区的建筑风格；或是为了让环境变得更加优美，赏心悦目，提高自身的欣赏价值。所以，在园林植物配置中，设计者会根据其不同的寓意，采用不同的配置手法，使园林建筑的意境更加突出，让人一目了然。

3.丰富园林建筑的构图

要想让园林建筑的构图更加丰富，离不开园林植物的调节。搭配线条不规则的植物，能让园林建筑的内容更加丰富，不会让人觉得刻板枯燥，严肃冷淡。园林植物的加入，让园林建筑看起来更有人情味，更具多样性，更加贴近生活。

二、各式园林建筑与植物的选择

（一）中国古典园林的植物配置

1.皇家园林的植物配置

皇家园林的建筑一般会给人一种富丽堂皇的感觉，因此在进行植物配置时要体现其庄严，配置能营造严肃、庄重氛围的植物。皇家园林常选择威武挺拔的传统树种（如松树等）作为基础布置树种，并且呈矩形整齐布置。

2.江南园林中的植物配置

江南园林是中国古典园林的杰出代表，江南园林中的植物配置也具备古典韵味，折射出中国人的自然观和人生观。江南园林以精致高雅为主基调，以竹类为主要树种，搭配柳树、梅花等，并用台阶草、迎春花等小型植物来点缀。在选择绿化植物时，应按照土壤肥力状况进行栽种，碱性较大的土壤应选择耐强碱植物，同时要注意植物搭配，在植物互利共生的基础上实现美学价值。

纵览江南园林，不难看出，宗教思想及山水诗、画等传统艺术对其植物配置产生了深远影响：园林设计的主基调为素净、清高、淡雅，在植物配置中，梅、兰、竹、菊颇受喜爱，是江南园林常用的植物素材，旨在营造出诗情画意的园林风景。

3.寺观园林中的植物配置

寺观园林指佛寺、道观、历史名人纪念性园林，蕴含着深厚的儒家文化、道教文化、佛教文化。寺观园林中的植物配置，不可避免地暗含寺观文化精神，以油松、银杏、圆柏等植物为主。例如，油松适应性强，银杏到了秋季满树黄叶，圆柏一般可种在园林中，与假山相配更显幽静，是寺观园林中常见的景观树种。此外，还有白皮松、枫香树、月季石榴、桂花树等，都可以较好呈现寺观园林的特质。

（二）西欧古典建筑的植物配置

西欧古典园林的植物配置和中国古典园林的植物配置截然不同。西欧古典园林建筑以意大利、英国、俄国的园林建筑为代表，它们采用的是规则式园林布局，将植物修剪成几何的形状。16 世纪的意大利园林通常在道路及围墙旁边种植常青树，在围墙上布置爬墙类绿色植物。英国在 18 世纪以后，出现了以广阔的草坪、茂盛的灌木、弯弯曲曲的小路为特征的园林。而现在由于环境污染的问题越来越严重，人们对生态环境的要求越来越高，设计者在配置植物时要回归自然，应充分发挥植物能保护环境的价值。

（三）现代建筑的植物配置

现代建筑的形式多样且灵活，因此在进行植物配置时不能受太多的拘束和影响。在设计时，设计者应注重提升建筑的生态性，积极运用现代技术。现今建筑的设计理念是以人为本，绿色植物能缓解居住者生理和心理上的压力，同时绿色植物也能进行光合作用并提供新鲜氧气，净化空气。过去的人们追求丰富多彩的植物景观，而现代人则处在一个高速运转的社会中。在这样的背景下，人们更倾向于简单大方的园林植物配置方式。现代园林植物的搭配设计没有绝对的准则，多根据建筑的用途来设计。简单大方的设计更容易赢得大众的青睐，比如可配置多种绿色植物搭配零星色彩的植物，使人眼前一亮。

以烈士陵园中的植物配置为例。烈士陵园是人们缅怀革命先驱的地方，园中的生态环境营造至关重要。在烈士陵园中配置植物，主要为了衬托革命先烈伟大的革命精神，配置的树木应以松柏、银杏为主，营造整齐、庄严、肃穆的氛围；花卉应以白菊为主，白菊花表示祭奠，象征革命烈士流芳百世。

三、园林建筑中影响植物配置的因素

（一）地形因素

园林地形不仅直接影响着园林植物的配置，也影响着园林土地的利用效率，甚至会对园林建筑设计方案产生影响。因此，设计者应根据实际地形调整设计方案。园林植物景观依赖地形，相对平坦的地形能让园林建筑与植物配置更协调，而地形波动较大的地区则需要对园林建筑与园林植物配置进行有效切割。

园林建筑视觉效果的提升建立在地形的基础上，地形也会对园林风景的美观度产生影响。所以，在园林建筑与园林植物的配置设计中，设计者需考虑地形因素，在符合自然美的同时合理融入人工建造的景观。地形因素与其他因素不同，没有办法人为更改或清除，只能进行局部修理，为设计打好基础。在园林建筑设计前期，设计者要充分调研地形特点，分析地势优劣势，合理利用现有优势，降低地形对园林景观设计的影响。在设计时，还需考虑对原有生态的保护，不可对地形造成较大破坏，应遵循人工建造的环境与自然环境和谐统一的原则。

（二）水体因素

在园林建筑中，园林植物与水相得益彰，其风景最为美观。水体在园林建筑设计中的运用数不胜数。水，是生命的象征，是活力之源，有水的地方自古是城市的依傍之地，能为园林建筑注入新的生命，与园林植物相互搭配，形成绝美的风景。园林建筑景观以及生机勃勃的园林植物倒映在水中，随着风产生阵阵微波，舒适惬意。

水体的合理运用可以使人产生精神层面的愉悦，赋予园林人文内涵。设计者在科学合理地利用水体的同时还要避免污染水体，将环保理念贯彻到设计施工的全过程中，以实现水体与园林植物的完美融合。

四、在园林建筑中配置植物的要求和策略

（一）在园林建筑中配置植物的要求

1.和谐统一

中国古典哲学推崇天人合一的相关理念，中国的传统园林也是如此。在这样的情况下，要实现人与自然的和谐统一，就要合理配置植物。植物是自然最好的象征，在配置植物时，设计者应保留自然之精华，将传统园林建造过程中体现的工匠精神应用到植物配置中。在园林建筑中配置植物时，和谐统一会产生积极的影响。

2.虚实相生

在园林建筑中进行植物配置时，设计者除了注重和谐统一外，还应注重虚实相生。情感与景色的交融是园林意境中最为基础的特质，应让两者建立起相应的联系，获得虚实相生的效果。在配置植物时，设计者应巧妙地利用疏密关系，遵循园林意境营造的相关规律，在园林建筑中对植物进行专业的配置，达

到良好的配置效果。

3.曲折尽致

在园林建筑中进行植物配置时，设计者应做到曲折尽致。《浮生六记》中提到了园林设计的理念——周回曲折，这四个字表达了中国传统园林匠人的艺术追求。因此，设计者应该在园林建筑设计中将其表现出来。想要达到曲折尽致的效果，设计者应拥有较高的植物配置技术。古代匠人追求的"周回曲折"在艺术上有不同的表现形式，如曲折的长廊、错落有致的景观等。因此，在配置植物时，设计者应合理搭配植物，让园林建筑与植物合理搭配，力求达到曲折尽致的效果。

4.采用借景与框景手法

在园林建筑中进行植物配置时，设计者可以采用借景与框景手法。借景手法是古代典籍中提到的一种园林造景手法。我国传统园林匠人对其的运用非常娴熟，常常能在有限的空间中创造出无限的景色。如果不能在园林建筑中对植物进行良好的配置，将无法完成借景。

另外，框景手法也可以有效地被应用到园林建筑中。就像是绘画作品应该利用画框进行装裱一样，框景手法可以让人们的视线与相关景色进行巧妙结合。此手法的有效运用同样需要设计者对植物进行良好的配置。

（二）在园林建筑中配置植物的策略

1.追求自然美的境界

在园林建筑中对植物进行配置，会对园林建筑有一定的影响。一般情况下，人们对园林建筑的建造有着多方面的要求，不同线条的搭配与形象本身都应保持协调，植物配置需与园林建筑相结合。在植物的具体配置中，园林建筑可以提供环境，并且起到遮挡的作用。就像我国古代园林理念强调的：植物隐于建筑，建筑彰显植物。如果在园林建筑中对植物进行良好的配置，能最大限度地展现自然美。

2.展现园林建筑的意境和主题

园林建筑中会有一些经典的场景，这些场景主要是由植物组成的。植物配置与园林建筑主题相符合，可以有效展现园林建筑的意境，让人直接感受植物与建筑的统一。

在具体的施工中，一定要对施工进行良好的规划，绝不可以草率施工。很多的施工工人并不懂得对园林进行规划，应该由园林设计师与工程师对整体的施工进行管理，并应建立精细化的管理模式。此外，还可根据当地的历史文化背景设置园林的建筑，合理配置植物。以西安为代表的历史文化深厚的城市，施工时应保证建筑相互对称，并可利用青石板等进行铺装施工，给人带来肃穆、大气之感。

3.满足园林建筑的功能需要

在不同的区域与不同的环境中建造园林建筑，设计者应相应地选择不同的植物种类，在保证园林观赏性与艺术性的前提下，保证园林建筑的安全性。另外，还要保证园林植物的存活率。例如，在屋顶花园中，建筑与植物已经非常紧凑地融为了一体，但屋顶花园的土层是非常薄的，其中的养分不足，因此这里的植物抗寒与保水的能力并不好。此时，应种植根系较浅的植物，否则植物没有办法存活，也会在一定程度上对建筑造成不良影响。

第二节　屋顶绿化与植物配置

打造屋顶花园能够在一定程度上保护建筑构造层，绿化后的屋顶既能起到调节温度的作用，又可以起到保护建筑物的作用，避免建筑物随着使用时间的增加而出现裂纹，从而进一步延长建筑物的使用寿命。屋顶绿化也能够起到储存降水的作用，有助于减小城市排水系统的压力，降低污水处置成本。

一、屋顶绿化的定义

屋顶绿化是将植物集中栽植于屋顶区域的绿化模式。从广义的角度来说，屋顶绿化可被视为布设并规划如停车库、地下建筑、酒店及公寓等各类不同建筑物的屋顶上的绿化措施。在城市推广屋顶绿化项目，既能为城市居民在快速的生活节奏中和沉重的压力下提供舒缓压力、释放消极情绪的静谧之地，又能在一定程度上改善当地的生态环境，缓解城市热岛效应，促进建筑节能减排，助力实现"碳中和"，是提高环境质量、调节小气候的可靠举措，也是装扮城市、美化景观的有效手段。在城市的可持续发展过程中，屋顶绿化能切实扩大城市的绿化空间，对实现城市经济发展与生态保护之间的高效协调大有裨益。

二、屋顶绿化的作用和类型

（一）屋顶绿化的作用

1.节约土地

屋顶绿化不占用城市的公共绿化土地，是土地的一种空间利用形式，是较节约土地的一种绿化形式，也是较低廉的绿化形式。现代城市可谓"寸土寸金"，绿化面积越来越少，屋顶绿化能实现"见缝插绿"的目标。

2.净化空气

屋顶绿化的植物，可以吸收大气中的有毒气体，净化空气，还可以充分利用雨水、雪水等。屋顶绿化植物根系的盘扎可避免粉尘飘浮，改善屋顶小气候。

3.改善城市居民居住环境

现代城市人生活节奏快，精神上、心理上、工作上压力大。室内的装饰设计死板，没有活力，令人烦躁，使人的心理情绪得不到宣泄。屋顶绿化可以给下班的人们提供一个惬意的休闲娱乐场所，让他们得到心理上的安慰，从而使他们释放工作中、生活中的压力，进而使他们保持心理健康。

4.保护建筑物，缓解城市排水

现代的城市大多都是高楼大厦，屋顶长期经过雨水冲刷，其防护层容易遭到破坏。绿色植物的覆盖可以减轻雨水的冲刷，保护建筑物的顶层结构。绿色植物还可以使楼顶避免风吹日晒，减少损耗，延长建筑物的寿命。现代的城市，到处都是硬化的地面，雨水得不到及时排放，甚至会引发城市内涝。绿化植物可以很好地吸收雨水，将雨水储藏于根部基质中慢慢蒸发，从而减小城市排水系统的压力。

5.让城市更美观

屋顶是建筑的顶层，其造型设计会直接影响建筑物的形象。而屋顶绿化可以美化屋顶的形象，使整个建筑更美观。在高速发展的城市中，创造优美的空间结构，给人们的生活增添生命气息，改善城市的整体形象，能有效吸引投资、消费，加快城市发展。

6.产生一定的经济效益

屋顶绿化不但具有改善生态环境的作用，还能带来切实的经济效益。例如，居民可利用屋顶种植绿色蔬菜、花卉等，其中，蔬菜可以直接食用，也可以出售。屋顶的绿色植物和覆土在一定程度上能增强建筑自身的保温能力，缩小建筑内的温差，能在一定程度上帮助居民节省空调使用费用。

（二）屋顶绿化的类型

根据建筑屋顶结构的不同，目前建成的屋顶绿化主要有三种类型：花园式、草坪式和组合式。

1.花园式屋顶绿化

花园式屋顶绿化是由乔木、灌木、草坪甚至是园路、水池、桌椅、亭子等其他小品组成的绿化。就其粗放式的管理模式来说，这种绿化又称为密集式屋顶绿化。花园式屋顶绿化只能在具有足够荷载和良好防水性能的建筑屋顶上建造，它实际上是将地面花园建到建筑屋顶上，植物造景、水池、假山石、廊架等园林小品均可在屋顶上建造。一般花园式屋顶绿化在宾馆、酒店以及大型商办楼、新建学校、新建住宅楼等楼顶上运用得比较多。按照景观、生态、休闲功能需要，屋顶可配置花坛、草坪、道路、亭廊、水池、座椅、健身设施等，供人们休憩或开展娱乐活动。

2.草坪式屋顶绿化

草坪式屋顶绿化是在整个屋顶铺满地被植物，形成"绿色地毯"。由于地被植物对土壤厚度要求不高，一般 5～10 cm 的土层即可，因此适于在建造年代已久远、荷载较小的老式建筑屋顶上进行。这种以地被、草坪植物为主的屋顶绿化，就是简单式屋顶绿化。这种方式由于不用太多的维护和管理，也被称为粗放式屋顶绿化。例如，上海市内的色织厂的屋顶绿化，从高空鸟瞰，原本光秃的屋顶上"绘"满了绿色的图案，都市高楼的屋顶不再简单、枯燥，而是充满生机。

3.组合式屋顶绿化

对建筑屋顶结构的要求介于花园式屋顶绿化和草坪式屋顶绿化之间，一般所需屋顶的面积不大。大片草坪、地被植物和小巧的花景有机组合，同样美不胜收。

三、屋顶绿化的构造技术

为满足建筑屋顶植物生长需求，屋顶绿化的构造技术比较复杂，并要求安全可靠。经过长期经验的积累，目前构造技术已比较成熟。

（一）植物生长基质

植物生长基质简单讲就是种植土层。屋顶绿化因各方面条件限制，植物种植土层厚度、重量受到严格控制，不能简单地将地面土壤搬到屋顶上去。目前，大多采用改良土壤或者新型超轻基质作为植物生长基质，一些新型人造土壤含水后重量仅为普通土壤的 1/5，干重为土壤的 1/10～1/15。有时，在种植土壤上还会增加一层护根层。护根层由多孔网状材料构成，主要作用是防止土尘飞扬。

（二）隔离过滤层

隔离过滤层的主要功能是防止植物生长基质随雨水或灌溉冲刷流失，堵塞排水管道造成漫灌。材料可采用玻璃纤维、尼龙布、金属丝网、无纺布等。

（三）排水层

排水层的作用是在降雨和灌溉中将土壤中不能保持的水分排走，防止积水和漫灌，同时又要能支撑上面种植土层的重量。排水层的材料种类很丰富，常见的有松散材料，如砂砾、陶粒、碎石等颗粒块状材料；或者格板材料，如各种泡沫平板、异型硬质板等。

（四）阻根防护层

阻根防护层的作用是防止植物根系穿透防水层造成屋面漏水。植物根系的生长能力很强，会穿透隔离过滤层、排水板甚至建筑防水层、楼板的缝隙，对建筑造成严重破坏。所以需要设置阻根防护层，防止植物根系穿透隔离过滤层、排水层。一般采用合金、橡胶、聚乙烯等材料。

（五）防水层、保温层、建筑结构层

防水层的作用是防止水渗入建筑物内。保温层一般在防水层下，保温层下方为建筑结构层，这些构造层都属于建筑屋顶构造范围，构造方式与一般的屋顶无异。新建项目需要加强屋顶结构设计，根据屋顶绿化的类型，计算覆土所

需的厚度与荷载；如果是改建项目，则必须控制屋顶绿化的荷载，采用盆栽、植草等方式减轻屋顶绿化重量。

四、屋顶绿化植物配置的要求

由于屋顶在建筑物的上方，其生态环境因子与地面有所区别。对植物来说，屋顶的生长环境比较恶劣，所以屋顶绿化植物配置比较严格。屋顶绿化植物配置应满足以下几点要求：

第一，需选择喜阳光、耐贫瘠的浅根性植物。屋顶处大多位于阳光相对比较多的地方，属于全天阳光照射的地方，由于屋顶比较高，光照强度也比较强，所以应配置喜阳光的阳性植物，如月季、鸡冠花、半枝莲等。屋顶的土层厚度相对来说比较薄，对于深根性植物来说，土层太薄，根系无法自然向下生长，就会影响生长，因此应配置根系较浅的植物，如仙人掌类、景天类、番杏科等植物。

第二，需选择抗倒伏能力强、抗强风的植物。由于屋顶比地面高得多，相对来说，风速就会比地面的大。植物受到强风的侵袭，容易发生倒伏现象。另外，屋顶植物的根系比较浅，容易被强风连根拔起。所以，在种植植物时要选择一些低矮的小灌木植物，木本植物比草本植物的抗风能力强。屋顶不适宜种植高大的园林绿化植物，如月季、牡丹等。

第三，选择耐旱、耐高温、耐贫瘠、抗风、耐阳、耐积水的植物。由于阳光的影响，屋顶上的种植平台，容易发生干旱，白天和晚上的温度也不同。特别是在大风天和雨天，屋顶上的风速相对较高，这会对植物的生长造成不利影响。因此，在建筑的屋顶上配置绿色植物时，人们应选择耐旱、耐高温、耐贫瘠、抗风、耐阳和耐积水的植物。

第四，选择以常绿树种为主，冬季能露地越冬的植物。为了确保绿色屋顶的景观效果，在配置常绿植物并构建植物景观的框架时，可选择有美丽叶子的植物，还可适当种一些开花灌木，以丰富景观类型并反映季节的动态变化。如果条件允许，也可摆放盆栽时令花。由于屋顶远离地面，土壤层薄，冬季的保温性差，因此要选择在冬季也能正常生长的耐寒植物。

第五，尽量选择符合当地环境条件的植物。本土的植物经过多年的驯化，对当地的环境条件已经适应。相对于其他植物，本土植物更适合屋顶绿化。屋顶的绿化面积比较小，为了使设计更独特、新颖，也可引进一些观赏价值高的植物，提高屋顶绿化的整体效果。

第六，宜选择生长缓慢、养护容易且耐修剪的植物。由于屋顶的高度比较高，一般的养护管理人员在屋顶进行养护时，可能受屋顶高度的影响，会出现一些不适。在夏季，如果屋顶上的植物长得太快或需要经常修剪，就会造成养护困难。屋顶绿化用的苗木在运输、更换方面相对于地面绿化来说也有些难度。还有，屋顶种植土层的更换也相当麻烦。

第三节　园林水体与植物配置

水体是造园的四大要素之一，古人将水体称为园林中的"血液""灵魂"。古今中外的园林都非常重视水体的运用。我国南、北古典园林中，几乎"无园不水"；西方规则式园林同样重视水体的运用，凡尔赛宫中令人叹为观止的运河及无数喷泉就是一例。

一、水景工程的作用和基本要求

（一）水景工程的作用

1.系带的作用

水景工程作为园林工程的一部分，对于风景园林工程具有重要作用，其中一个作用就是系带的作用。风景园林工程规模都比较大，在内部模块设计上，经常会划分很多区域，每个区域在功能上都不尽相同，可以为游客带来多样化的游览体验。但相应的问题也随之出现，那就是区域的划分会使整个风景园林工程处于一种割裂的状态，无法形成一个统一的整体，这就需要一个区域将其他几个区域联系起来，做好风格的过渡和铺垫——水景工程就具备这样的功能，能提升风景园林工程的整体观感。

2.基底的作用

水景工程在风景园林工程中还具备基底的作用，即水景工程能起到较好的衬托作用，给游客带来更多美的感受。例如，水景工程能较好地解决景观区域空间狭窄的问题，水面上的倒影能给人们带来空间变大的感觉，从而拓展游客的观景空间；岸上的一些植物在水面上的倒影，也能给游客带来视觉冲击，让游客更好地感受自然之美。

3.聚焦的作用

水景工程在风景园林工程中还有聚焦的作用。在众多景观区域中，水景往往最先进入人们的视野，吸引人们的注意力，这就是水景工程的聚焦作用。在风景园林工程建设中，设计者要充分利用水景工程的这一作用，聚焦游客的注意力，充分展示整个风景园林的美。例如，园林瀑布的垂直动态美、喷泉的节奏美等，这些都可以让游客感受到水的灵动之美，从而给游客带来赏心悦目之感。

（二）水景工程的基本要求

1.整体性要求

在对风景园林水景工程进行建设时，设计者要考虑整体性的要求。水景工程作为风景园林工程重要组成部分，更多的是起到辅助和衬托的作用。在具体的水景工程设计中，设计者要依据风景园林的整体风格，对其进行设计。通过合理设计实现水景工程和风景园林工程的有机融合。水景的形式是多种多样的，具体的有静水、喷水和流水等。对于这些水景，设计者要从整体的角度进行考虑，将其设置在合适的位置上，以期通过设计带给游客不同的审美感受。同时，在实际应用中，设计者还应根据湿度、温度、地貌，对水景的形态进行设计，构建一个错落有致的水景工程。

2.功能性要求

在对水景工程进行设计时，设计者还要考虑水景工程的功能性要求，确保在设计中能够更好地发挥水景工程的作用。在风景园林工程建设中，水景的作用主要是供游客观赏，为游客创造一个优美的环境，从而给游客带来美的感受。因此，设计者在对水景工程设计时，应尽可能体现水景工程的功能。近年来，随着水景工程设计理念的发展，水景工程的功能也变得更加多样化，比如亲水、戏水等功能，从而给游客带来更好的游览体验。

二、水景植物的价值

（一）观赏价值

多数的水景植物都具有观赏价值，能缓解社会大众在日常生活中的视觉审美疲劳，满足社会大众日益增长的审美需求。设计者要在现代生态园林工程中适当融入水体景观，结合水生植物的性质与景观要求，适当配植一些水生植物，用于填补植物种类的不足。同时，在配置水生植物的过程中，设计者要重视水生植物与整体环境的协调性，进一步突出现代生态园林中水生植物的独特性。

（二）生态价值

现代生态园林工程中的水景植物具有一定的净化水质的功能，比如某些水环境因为水质、水源发生变化，可能会产生大量的藻类，致使水环境的生态平衡遭到严重破坏，而水生植物会争夺藻类的养分，具有破坏作用的藻类就会失去生存空间，水环境的污染问题就会大大减少。

不仅如此，种植水生植物可以丰富水环境中的物种，为水生动物与两栖动物提供生存需要的空间和食物，有效提升周围土壤的抗腐蚀性。一些生态学家会把水生植物当作水环境检测的一种常用指标，相关人员通过检测水生植物的生长趋势就能判断水环境的质量，如水环境是否遭到污染等，再通过这些分析结果来判断水环境中存在的问题，进而采取人为调控的方式或者有效的手段解决问题。此外，水生植物还可用于净化空气，有效改善城市中的空气污染，通过微环境影响现代城市的整体生态环境。

国内水景植物的区域分布特点并不相同，所以在现代生态园林工程中运用水景植物之前，设计者要了解该区域的水资源情况，注重植物的多样性。设计者可尝试应用野生的水景植物，或者引进高质量的国际品种、尝试研发当地的水生植物品种等，都可以达到丰富现代生态园林生态系统的目的。

设计者要格外注意的是，在部分人造的水景景观中，水景植物的生长空间是不足的，此时设计者可考虑使用盆栽的方式对植物进行美化，但是盆栽容器具有一定的局限性，给人视觉上的感官体验可能不强。所以在选择水生植物时，设计者要综合考虑光线、土壤等因素，尝试采用综合性的设计方法。

三、不同类型水体的植物配置

水景工程在园林设计中也占据着重要地位，因为它们往往低于人的视线，与水边景观相互呼应，加上水面上的倒影，能为游人提供独特的观赏体验。在水体中配置植物，不仅能提升水面的美观度，还能丰富水面的景观层次，使岸边景物产生倒影，从而起到改善水面的视觉效果。在进行水景植物配置时，设计者除了考虑气候条件，还要考虑不同类型水体的特点，合理地配置植物种类。

（一）湖

在湖上配置植物，主要目的是美化水面、净化水质、丰富生态、提供休闲观赏价值。设计者应根据不同的水域特点，选择不同的植物种类。

在浅水区域，可以在水面点缀一些挺水植物，这些植物不仅在水中生长良好，而且其花朵和叶片能够露出水面，为水面增添色彩和层次感。同时，这些植物的根系也能固定土壤，防止水土流失。合理配置挺水植物，可以使湖面形成一幅美丽的画卷。挺水植物的茎干挺出水面，比如荷花和千屈菜，其花朵鲜艳，能够吸引游客的注意力，增加湖面的观赏价值。

在深水区域，可以选择种植一些浮水植物，如睡莲、王莲、萍蓬草等。这些植物能够漂浮在水面上，其花朵和叶片能够随着水波荡漾，形成美丽的倒影。此外，浮水植物还能吸收水中的营养物质，有助于净化水质，还可以丰富水面景观。需要注意的是，浮水植物的数量不宜过多，以免影响水面的倒影效果和水体本身的美学效果。过多的浮水植物可能会遮挡湖面的倒影，破坏湖水的宁静感和清澈感。此外，还可搭配沉水植物，如水绵、金鱼草等，以净化水质。

湖面较大时，湖岸线较长，除了可种植挺水植物和浮水植物，还可根据地形和景观需要在水面边缘种植一些水缘植物，如芦苇、慈姑、香蒲等。这些植物能够形成自然的过渡带，将水面景观与陆地景观连接起来，同时还能为水生生物提供栖息地和食物来源。例如，芦苇的细长叶片和慈姑的白色花朵，能够提升湖岸的美观度。此外，水缘植物还能起到保护湖岸线的作用，减少湖水对湖岸的侵蚀。可以在湖岸种植一些乔木和灌木，以形成层次丰富的植物群落。乔木和灌木的枝叶茂盛，能够为湖岸带来更多的生机和活力；还可以种植一些适宜在水边生长的树种，如柳树、杨树等，它们的枝条随风摇曳，能构成一道美丽的风景线。

需要注意的是，各种植物的数量和种类要适当搭配，以保持湖面的整洁和美观。可将植物分为几个区域进行布局，如中心区域、边缘区域和沿岸区域。中心区域可以种植一些高大的挺水植物，形成视觉焦点；边缘区域可以种植一些低矮的挺水植物和浮叶植物，形成过渡景观；沿岸区域可以种植一些湿生植物，如芦苇、水葱等，增加植物多样性。在进行植物配置时，要考虑到水域的生态平衡。可以选择一些能够相互协调、相互促进的植物种类进行配置，如挺水植物和浮叶植物可以共同构成一个丰富的水面景观，同时为鱼类、昆虫等提供栖息地和食物来源。

（二）池

小型水池的设计，其核心在于营造一种精致而宁静的自然氛围。由于其水面的空间有限，植物配置应更加精致。在小型水池上，可以选择一些小型挺水植物、浮叶植物进行配置，如选择小型荷花、睡莲、菖蒲等植物，它们可以形成精致的水面景观，同时为人们带来视觉享受。以睡莲为例，其叶片圆润而光滑，花朵或娇艳或清雅，随着水波轻轻摇曳，格外引人入胜。

对于大型水池，设计者应当充分考虑其空间结构和功能需求。可以在局部独立空间中专门栽种植物，形成荷花池、芦苇池等，这样既可以形成独立的景观空间，又可以满足特定的生态和观赏需求。在荷花池中，可以种植各种颜色的荷花，打造一个色彩斑斓的水面景观；而在芦苇池中，则可以种植不同的芦苇，让人们欣赏到芦苇随风摇曳的优雅姿态。在配置植物时，设计者要充分利用空间，可以选择一些立体生长的植物种类，如攀缘在水生植物上的藤本植物，或者利用水面空间种植一些水下植物，如水绵、金鱼草等。

水池边缘的植物配置同样重要。在这一区域，设计者应着重考虑水面与陆地之间的过渡效果，使植物与水边景观相互映衬。可以选择一些浅水植物，如鸢尾、菖蒲等，进行间断种植，这样既可以留出供游人观赏的空间，又能增加植物的层次感。此外，还可以在水池边缘种植一些乔木和灌木，如柳树、水杉等，与水中的植物共同构成一个丰富而立体的植物群落，为人们提供更加多样化的观赏体验。

总之，无论是小型水池还是大型水池，植物配置都应遵循和谐、自然的原则，应充分考虑植物的生态习性、观赏价值和功能需求，以此打造出既美观又实用的水体景观。

（三）溪

溪流作为一种自然景观元素，其植物配置需要模拟自然溪流的生态环境，以达到和谐、美观的效果。在溪流宽度及深浅不及自然河流的情况下，水生植物的配置显得尤为重要。

首先，溪流宽度较小，因此不宜选用高大的水生植物，以免显得拥挤，破坏自然的美感。可以选择一些低矮的水生植物，如溪荪、菖蒲等，作为点缀。这些植物不仅可以增添自然美，还可以在一定程度上遮挡溪流底部的杂物，保持溪流的清洁。需要注意的是，这些植物的数量及品种不宜过多，以免显得杂乱无章。

其次，溪流边缘的植物配置应以浅水植物为主。这类植物可以在水面上形成一定的装饰效果，同时也能很好地实现从水面到堤岸的过渡。例如，可以种植芦苇、美人蕉等植物，这些植物不仅能美化环境，还能为溪流增添一份生机。

最后，溪流边缘还可适当种植一些乔木和灌木，形成层次丰富的植物群落。乔木和灌木的种植位置应选在溪流边缘的陆地区域，以避免影响水生植物的生长。可以选择一些耐水湿的树种，如柳树、杨树等。这样不仅可以丰富溪流的景观，还能为溪流附近的生物提供栖息地。

溪流的水生植物配置应注重植物的种类、数量，以及种植位置，以达到自然、美观的效果。同时，还要考虑溪流边缘的植物配置，通过乔木和灌木的层次搭配，使溪流的景观更加丰富。

总的来说，对不同类型水体的植物进行配置时，设计者应根据水体的特性、设计目的和植物的生长习性来选择植物。在配置过程中，设计者要注重植物的多样性，注重色彩搭配和层次感，以营造出美丽的景观。植物的色彩搭配要合理，避免过于单调或过于杂乱，可以选择一些色彩鲜艳的植物品种，如红色的荷花、淡紫色的千屈菜等，以增强水面的视觉效果。植物的种植密度要适中，要避免过于密集或过于稀疏。过于密集的植物会影响水面的通透性，而过于稀疏的植物则无法形成有效的景观效果。要注意对植物的养护管理，及时清除枯萎、有病虫害的植物，以保持水面的清洁和美观。同时，也要根据植物的生长情况及时进行修剪和补植。在进行水面植物配置时，设计者要考虑到水面植物与周边环境的协调性和整体效果。植物的选择和配置应与整个园林的设计风格和主题相协调，以营造出和谐、统一的景观效果。

第四节　园林山石与植物配置

园林是人类与自然对话的窗口，园林中山石与植物的巧妙搭配，展现了大自然的魅力。植物以其独特的形态、色彩和生长习性，为园林带来了生机与活力；而山石则以其坚硬的质地、独特的形态和深厚的文化内涵，为园林增添了稳重与古朴之感。山石与植物相互融合、相互映衬，构成了一幅幅动人的图画，令人陶醉其中。设计者在园林山石与植物景观配置中，不仅要追求视觉上的美感，更要注重生态平衡和文化传承。

山石在风景园林中的运用是一门深奥的艺术，不仅要求设计者具备高超的美学修养，还要求设计者对自然界的山石形态有深入的理解。通过合理布置和精心构造，山石可以成为园林中极具魅力的元素。植物配置是山石构造中不可或缺的一环，合理地配置植物，可以增强山石的立体感和自然感，同时也能营造丰富的生态景观。设计者在选择植物时，应考虑植物的生长习性和色彩变化，使山石与植物形成一个和谐统一的整体。例如，常绿植物可以为山石增添稳定性，落叶植物则可以为山石增添季节变化的美感。

一般来说，现代园林中的山按照主要材料的不同，可分为土山、石山、土石混合山三类。本节主要探讨土山植物配置和石山植物配置。

一、土山植物配置

土山是指完全由自然土壤堆成的山。土山作为园林中重要的景观元素，其植物配置对营造山林空间具有至关重要的作用。在进行土山植物配置之前，设计者要对土山的情况进行详细的分析，包括高差、坡度、土质等。通过分析，其可以确定土山的形状和位置，为后续的植物选择和设计工作奠定基础。在土山植物配置设计中，植物的选择至关重要。

另外，设计者应根据当地的气候和土壤条件，选择适合的植物。选择的植物应能形成多样的植被景观，为土山增添生机和活力。土山的植物配置多采取复层混交方式，旨在形成类似于山林的植物景观。复层混交方式可以模拟自然山林的植物群落结构，使土山更具自然感。同时，还可以根据植物在色彩、形态和质感等方面的特点，营造出不同的视觉效果。

（一）山顶植物配置

山顶植物配置是指在山顶地区进行植物种植的设计和规划。山顶地区通常具有较高的地势和特殊的气候条件，因此植物配置需要考虑以下因素：

首先，山顶植物配置应注重植物对气候和土壤的适应性，选择能够适应气候和土壤的植物种类，以确保植物能正常生长。例如，如果山顶地区气候寒冷，可以选择耐寒性强的植物；如果山顶地区土壤贫瘠，可以选择耐贫瘠的植物。

其次，山顶植物配置应注重发挥植物的生态功能。植物可以吸收二氧化碳，释放氧气，在涵养水源、调节气候、保持水土等方面发挥着重要作用。因此，在山顶植物配置中，可以选择能较好地发挥生态功能的植物种类，以提升山顶地区生态环境的质量。

最后，山顶植物配置还应注重植物的美观性。山顶地区通常是人们观赏风景的绝佳位置，因此植物配置应注重视觉效果。在进行山顶植物配置时，设计者应选择具有美丽花色、独特形态或者丰富色彩的植物种类，以增加山顶地区的观赏价值。

（二）山坡、山谷植物配置

山坡、山谷植物配置是指在山坡和山谷地区进行植物种植的设计和规划。山坡和山谷地区有着独特的地形和气候条件，设计者在进行植物配置时应考虑以下因素：

首先，山坡、山谷植物配置应注重植物对气候和土壤的适应性。选择能够适应此处气候和土壤的植物种类，以确保植物正常生长。例如，如果山坡、山谷地区气候湿润，可以选择耐湿性强的植物；如果山坡、山谷地区土壤肥沃，可以选择需要较多养分的植物。

其次，山坡、山谷植物配置应注重发挥植物的生态功能，选择能够较好发挥涵养水源、调节气候、保持水土等作用的植物种类，以提升山坡、山谷地区的生态环境质量。

最后，山坡、山谷植物配置还应注重植物的稳定性。山坡、山谷地区地形复杂，土壤稳定性较差，因此需要选择根系发达、稳定性强的植物种类。这类的植物可以有效固定土壤，减少水土流失的风险。

（三）山麓植物配置

山麓植物配置是指在山麓地区进行植物种植的设计和规划。山麓地区是山坡和周围平地相接的部分，具有独特的地理和气候条件，因此山麓植物配置需要考虑以下因素：

首先，山麓植物配置应注重植物的适应性，选择能适应当地气候和土壤条件的植物种类，以确保植物正常生长。例如，如果山麓地区气候温暖，可以选择耐热性强的植物；如果山麓地区土壤排水性差，可以选择耐水湿的植物。

其次，山麓植物配置应注重发挥植物的生态功能，选择能较好发挥涵养水源、调节气候、保持水土等作用的植物种类，以提升山麓地区的生态环境质量。

最后，山麓植物配置还应注重植物的观赏性。山麓地区也是人们观赏自然风光的重要位置，因此植物配置应考虑视觉效果。选择具有美丽花色、独特形态或者丰富色彩的植物种类，可以提升山麓地区的观赏价值。同时，还可根据该地区的地形和景观特点，选择与之协调的植物种类，营造独特的自然景观。

二、石山植物配置

石山即全部用石头堆叠而成的山。石山植物配置是园林景观设计中的一项重要内容，合理进行植物配置既能美化环境，又能突出石山的质感和美感。在进行石山植物配置时，设计者应充分考虑植物的种类，植物在形态、色彩和生长习性方面与山石的搭配，以及植物的空间布局。

（一）植物种类选择

在石山植物配置中，植物种类的选择是至关重要的。石山环境具有特殊性，如气候干旱寒冷、土壤贫瘠等，因此所选植物应具有耐旱、耐寒、耐贫瘠的特性。例如，松、柏、梅、兰、竹等都是非常适合石山环境的植物。松和柏是两种非常典型的耐旱和耐寒的植物，它们能够在石山环境中生存并繁衍。梅对寒冷的环境有很强的适应能力，且对土壤要求不高，因此也非常适合石山环境。兰和竹则具有耐贫瘠的特性，它们能在石山贫瘠的土壤中生长。

除了考虑植物的适应性，设计者还应注重植物的观赏价值，考虑植物的颜色、形状等因素。例如，松和柏的叶子常绿，给人以生机盎然的感觉；梅的花色艳丽，给人以美的享受；兰和竹的叶形独特，给人以优雅的感觉。

综上，在进行石山植物配置时，设计者应充分考虑植物的适应性和观赏价值，选择那些既能适应当地环境，又能提供美感的植物种类，这样才能创造出既实用又美观的石山植物景观。

（二）植物形态与山石的搭配

在石山植物配置中，植物的形态与山石的质感和纹理相协调至关重要。这种协调不仅能够增强石山的美感，还能在一定程度上改善石山的生态环境。规则排列的植物，如草坪、灌木丛等，可以用来装饰平滑的山石表面。这种搭配方式使得植物与山石之间形成了一种有序的美感，给人以宁静、和谐的感觉。同时，规则排列的植物也能在一定程度上掩盖山石表面的瑕疵，使其看起来更加光滑、整洁。

而对于粗糙或不规则的山石边缘，自然生长的植物则能起到很好的掩饰作用，如藤本植物能够巧妙地填补山石之间的缝隙，使石山显得更加自然、更富生命力。这种搭配方式使得植物与山石之间形成一种有机的联系，增强了石山的整体美感。此外，高大的植物可作为石山的背景，使石山显得更加壮观、稳重，如乔木、灌木等，它们的存在使得石山有了层次感，也使得石山的景色更加丰富。

同时，高大的植物还能在一定程度上起到防风固沙的作用，保护石山的生态环境。而低矮的植物则可用来填充石山表面的空隙，使石山显得更为丰满，如地被植物、草本植物等，它们能够紧密地覆盖在山石表面，使石山充满生机。

总的来说，石山植物配置中，植物的形态与山石的搭配需要考虑山石的质感、纹理以及植物的生长习性。通过合理的搭配，可以使植物与山石形成有机的联系，增强石山的美感，同时也能够改善石山的生态环境。

（三）植物色彩与山石的搭配

植物色彩与山石的搭配在石山植物配置中起着至关重要的作用。色彩搭配得当，既能增强石山的美感，也能更好地体现植物的特性。山石的色彩主要有深色和浅色两种，植物的色彩应与山石的色彩形成对比或相互衬托。对于深色山石，可选择绿草或浅色花卉与之搭配，以形成明暗对比；而对于浅色山石，则可选择深色的植物与之搭配，如紫叶植物、红叶植物等，在色彩上相互衬托。

植物的色彩会随着季节的变化而变化，因此在进行植物配置时，设计者应充分考虑不同季节植物的色彩变化。例如，春季可选择开花的植物，如桃花、樱花等，为石山增添生机；夏季可选择绿叶植物，如爬山虎等，使石山显得清凉；秋季可选择红叶植物，如枫香树、黄栌等，使石山呈现出丰收的景象；冬季则可选择常绿植物，如松树、柏树等，使石山保持生机。

在对石山植物进行配置时，设计者还应注重色彩的层次感，使石山植物群落呈现出丰富的色彩层次。可采用不同色彩的植物进行搭配，如深色植物与浅色植物、彩色植物与单一色彩植物等，形成丰富的色彩层次。

综上，在石山植物配置中，植物的色彩应与山石的色彩相协调，设计者还要考虑植物的四季色彩变化，注重色彩的层次感。在设计中，设计者要进行合理的色彩搭配，使景观呈现出美丽、和谐、富有生机的效果。

（四）植物生长习性与山石的搭配

在石山植物配置中，植物的生长习性是一个重要的因素。不同的植物具有不同的生长习性，如有些植物喜光，有些植物耐阴；有些植物喜湿，有些植物耐旱等。因此，在对石山植物进行配置时，设计者应根据石山的朝向、水分条件和光照条件，选择合适的植物种类。

石山的阳面由于受到阳光的直射，光照条件较好，因此可配置喜光的植物，如向日葵、玫瑰、薰衣草等。这些植物只有充分吸收阳光，才能健康生长。而在石山的阴面，由于受到阳光照射的时间较少，光照条件较差，因此可以选择耐阴植物，如铁线蕨、绿萝、仙客来等。这些植物能够在光照条件较差的环境中生长，为石山增添一线生机。

此外，设计者还应考虑石山的水分条件。有些植物喜欢湿润的环境，而有些植物则能够适应干旱的环境。因此，设计者应根据石山的水分条件配置植物。例如，在水分充足的地方种植喜湿的植物，如水仙、荷花、蕨类植物等；而在干旱的地方种植耐旱的植物，如仙人掌、多肉植物等。

总之，在石山植物配置中，设计者应根据石山的朝向、水分条件和光照条件，选择合适的植物种类。合理的植物搭配可以使石山景观更加丰富多彩，同时也能够保证植物健康生长。

（五）植物空间布局

植物空间布局是石山植物配置中极为重要的一环，做好植物空间布局工作，能够增强石山景观的层次感和立体感，使得植物与山石之间形成一种错落有致的空间效果。设计者在进行植物空间布局时，可以采用前低后高、中间高两侧低等方式，使得整个石山植物景观呈现出丰富的空间变化。

首先，前低后高的布局方式可以使石山植物景观产生一种向前推进的动势，增加景观的深远感。在采用这种布局方式时，设计者选择一些低矮的植物，如草本植物、地被植物等作为前景，再搭配一些较高的植物，如灌木、小乔木等作为背景，使得整个植物景观呈现出层次分明的效果。

其次，中间高两侧低的布局方式可以使石山植物景观产生一种向中心集中的效果，增加景观的稳重感。在采用这种布局方式时，设计者可选择一些较高的植物，将其放置在石山的中心区域，再把一些较低矮的植物放置在两侧区域，使得整个植物景观呈现出一种向中心集中的效果。

除此之外，设计者还可通过垂直布局来增加石山景观的层次感。例如，设计者可在石山的顶部区域种植一些较高的植物，在中间区域种植一些中等高度的植物，在底部区域种植一些低矮的植物。植物的垂直布局可以使石山景观产生丰富的层次感。

总之，设计者应根据石山的地形、石质等因素综合考虑石山植物的空间布局，以获得最佳的景观效果。合理的空间布局可以使石山植物景观呈现出丰富的变化，增强景观的美感，提升景观的观赏价值。

第五章　园林植物造景分析

第一节　植物造景的基本理论

植物的合理配置能够构建微型生态环境，避免园林景观受到其他外界因素的影响，在涵养水源、防风固沙、净化空气等方面有着重要的作用。同时，植物造景可以传递人文意蕴，对于文化传播也有着重要的影响。本节主要介绍植物造景的概念与艺术特征，探讨植物造景的应用原则和要求，分析植物造景的具体步骤和艺术手法。

一、植物造景的概念与艺术特征

（一）植物造景的概念

植物造景是指在植物配置的基础上，通过植物与其他园林景观要素之间的协调配合，充分彰显植物本身的特色，从而使得植物的设计和布置呈现出和谐、美观的特点。在园林景观设计的过程中，不同的植物造景会营造出不同的意境。为了达到理想的植物造景效果，设计者要充分把握不同植物的生长习性和生长规律，在此基础上进行植物造景，充分发挥每种植物的作用。需要注意的是，植物造景离不开对整个园林风格的把握，只有将具体的植物和周围环境融合在一起，才能营造出和谐、美观园林景观。

植物是园林景观的重要组成部分，科学的植物造景能够彰显园林空间的活力。现代城市园林景观设计是以植物材料为主，围绕植物配置开展的园林景观建设，不仅要求在视觉上给人带来冲击，而且要求在生态和文化景观的选择上具有深刻的内涵。植物造景是城市园林景观设计的重要组成部分，具体包含植物配置、硬质建筑选择、假山搭配等，目的在于通过植物和其他景观要素的密切配合，打造出优美的园林景观。

（二）植物造景的艺术特征

在传统园林绿化项目中，设计者大多以藤本植物搭配灌木的方式创设城市景观，为人们创造舒适的生活环境，或者借助植物的线条、颜色等向公众展示自然美，便于人们更好地亲近自然。随着社会经济的快速发展，现代园艺行业有了新的发展，生态学理论与景观生态化理念的融合，丰富了植物造景内涵。

随着景观内涵的丰富，人们对居住环境的舒适度有了更高的要求。现代园林景观设计中，设计者可灵活运用各类园艺技术美化植物，充分展现植物的自然美，并将其融入景观设计，体现景观的功能与特性，满足人们对园林景观的需求。另外，在城市生态景观设计工作中，植物造景的景观效果更加突出，为植物生长创造了良好条件。

现阶段，植物造景的艺术特征主要包括三个方面，即人与自然的完整性、艺术的多样性以及个体与群体的完整性。

首先，在人与自然的完整性方面，基于艺术效果的可变性，植物景观效果比建筑景观效果更好。其中，植物的外形特点是最突出的，如植物颜色与形状的多样性。在不同的生长阶段、不同的季节，植物会表现出不同的形态，这也体现了植物的动态变化特点，因而植物造景的景观意义非常重要。

其次，在艺术的多样性方面，设计者要充分了解植物的变化规律，合理设计景观，结合人工方法，使植物景观更具生命力。在这一过程中，设计者要注意，人工设计不能完全模拟植物的形状与颜色，人为干预植物景观设计必不可少。相关人员要结合实际设计要求，通过相关植物开展造景工作，在植物生长过程中逐步消除人工修剪痕迹。

最后，在个体与群体的完整性方面，设计者应在个体与群体可接受的范围内，基于园林中其他群体选择造景植物种类，合理搭配园林植物，以增强视觉效果。

二、植物造景的应用原则和要求

（一）植物造景的应用原则

1.要有鲜明的立意

在进行植物造景时，设计者要有鲜明的立意。例如，设计者可合理运用相应的艺术手法，这样可以更有效地展现地域风情和历史文化。

2.注重色彩搭配

植物的种类很多，每一种植物的色彩也是不相同的，有时候单一色彩的植物无法带给人们心旷神怡的感觉。如果进行合理的色彩搭配，就能让人们眼前一亮，感受到不一样的风格。因此，把植物造景运用到园林景观设计中，就需要注重色彩搭配。目前，常绿植物和落叶植物的搭配，是植物造景中最主要的搭配方式。

3.具有协调性

植物造景要具有协调性表现在两个方面：一方面是植物要和地形相协调，地形对植物配置的影响很大，在选用造景方法时要充分考虑地形，以保证植物与地形的搭配能形成和谐景观。例如，在地势陡峭的环境中，应当种植银杏、松树等树种，从而充分体现植物强大的生命力。另一方面要注意层间搭配的适宜性，合理设计上下层间的植物，增强景观的层次性。此外，要对各种高度的植物进行合理搭配，给人带来独特的视觉感受。以太平花、侧柏及含羞草为例，应当按照从高到低的顺序分别种植侧柏、太平花、含羞草，从而实现合理搭配。

4.要遵循植物自身的生长规律

不同的植物，其生长特性也会存在着较大的差异。只有在适合的环境下，植物才能更好地生长。因此，在进行植物造景时，设计者要遵循植物自身的生长规律。一般情况下，影响植物生长的因素包括土壤、温度、湿度、光照等，如合欢喜温暖、湿润和阳光充足的环境，耐轻度盐碱土壤，适合在排水良好、肥沃的土壤中生长。

（二）植物造景的应用要求

1.确保内部关系和谐

植物造景是园林景观设计的重要组成部分。在植物造景工作中，设计者必须确保内部关系和谐，防止植物和植物间出现互相干扰的现象。在挑选植物时，设计者要了解植物的特性，包括养分需求、生长高度、形态变化等，对不同的植物进行合理搭配，从而充分发挥植物造景的美化作用。如果植物搭配不合理或者植物生长习性相冲突，则会增加后续的养护成本，比如施肥、灌溉以及整形修剪等都需要额外增加成本，这违背了园林景观设计的初衷。在植物造景过程中，设计者还要分析短期植物和长期植物的景观效益，同时需要从局部以及整体两个角度出发，观察植物和周围建筑或者设施之间的关系，保证内部结构的和谐一致。

2.坚持美的要求

植物配置可以提升园林景观的美感，在植物造景过程中，设计者要突出植物的美化功能，让人们获得审美体验。设计者应对植物进行合理搭配，结合美学理论分析植物在不同阶段的颜色变化，结合色彩理论优化配置模式，让植物在不同季节均能展示优美的姿态。同时，还需要对植物造景的布局进行优化，发挥植物群落造景的优势，对园林景观结构进行完善。例如，设计者可运用多种方法对空间进行调整，使布局更加美观；还可利用植物造景对游客进行引导，使其能够按照一定路线依次到达不同的景点，从而更好地欣赏园林景观。

3.整合设计资源

在园林景观设计过程中，设计者面对多种不同的设计资源，需要对其进行合理优化，减少设计成本投入，实现对自然资源的合理利用，保证园林景观和自然环境和谐统一。例如，设计者可采用以竹为径的方式进行植物造景设计，可将植物元素、道路元素融合起来，在竹影的引导下让游客向竹林深处不断地探寻。竹子的使用可以强化道路的神秘感，营造独特的意境，使园林景观具有自然美感。设计资源的整合能够使园林景观形成一体化的风景体系，提升景观和谐度，给游客带来更好的审美体验和观赏感受，满足游客的审美需求和娱乐需求。

三、植物造景的具体步骤

（一）制定植物造景设计规划稿

对于风景园林景观设计工作来说，完备的设计规划是十分重要的，设计者要关注设计规划稿的制定工作。在制定设计规划稿时，设计团队既要考虑到园林景观的整体效果，又要考虑到植物和其他园林景观要素的协调性，通过植物造景，形成一个有机的景观群落，使得园林中的各个景观要素都能够发挥自身的作用。在制定植物造景设计规划稿时，设计团队不仅要考虑到一切可能出现的影响因素，还需实时关注工程施工的动态信息，根据实际情况及时调整设计规划稿，这样才能在意外情况发生时有条不紊地调整施工内容，使植物造景呈现出更好的效果。

（二）选择植物品种

在进行植物造景时，选用的植物品种应以乡土植物为主，结合周边环境统筹设计，坚持适地适树的原则，突出地域特色。严禁选用危害游客生命安全的有毒植物，不宜选用树叶有硬刺的植物，优先选用生态效益高、适应性强、景观效果好、造价低、维护成本低的乡土植物。乡土植物对自然环境的适应性强，成活率高，不容易死亡。

另外，乡土植物能够突出地方特色，传播当地文化。每个城市都有极具代表性的植物，如北京市的月季、上海市的白玉兰、广州市的木棉花、深圳市的三角梅、重庆市的山茶花、成都市的木芙蓉、长春市的君子兰等。这些植物具有一定的城市文化内涵，设计者若将其应用到园林景观设计中，既能丰富园林景观地文化底蕴，又能向外来游客展示城市的美好形象。

（三）植物配置

在植物造景过程中，设计者要根据植物的生长习性、形态特征、观赏特性及用途对植物进行合理搭配，利用植物的不同形态、色彩、寓意等营造景观效果。配置植物时要遵循功能性、人性化以及艺术性的原则，在保障植物基本功能的基础上，尽可能让植物配置多元化。

1.植物在滨水空间中的应用

滨水空间是人们在园林景观中所观赏的主要区域。在植物造景过程中，设计者要重视滨水空间的起伏变化。设计者可使用混合式植物造景手法，融入自然式、规则式造景手法，构建多样化的景观带，带给游客独特的感官体验。根据植物的多样性，植物群落景观可分为纯林、植物组团、草坪。在滨水空间进行植物造景时，设计者可将垂柳、木芙蓉、草坪进行组合搭配，扩大滨水空间的绿化面积，打造立体化植物空间，提升美观度。

2.水景中的植物搭配

在园林景观中，水景是重要的景观要素，通过植物造景可以进一步突出水面所具有的空间感。在水景中搭配植物时，设计者应利用自然式种植模式，结合地形要素、道路要素和水景要素进行综合考虑。

例如，可在水景附近设置花灌木、藤本植物，从而营造活泼的环境氛围，展示水景的柔情特性，使游客获得良好的审美体验；又如，可选择在水体内配置生长速度慢的植物，防止植物因生长速度过快而占据水体空间，荷花、睡莲是常见的在水体中配置的植物。

此外，水景附近一般会设置景观亭类的建筑物。因此在进行植物造景时，设计者应注意植物和建筑物的配合，根据建筑物的高度搭配植物，适宜的植物可以对建筑物的线条进行软化。

3.入口位置与植物的结合

入口位置的植物景观应当起到吸引行人的作用。设计者在进行植物造景时，应根据入口位置的空间构造特点选择合适的植物造景手法，最为常见的手法为规则式造景手法。例如，按规则对香樟、红枫、大叶黄杨、红叶石楠进行搭配，可以体现协调性的美感。在入口位置进行植物造景时，设计者还可以采用分景手法，对园林景观要素进行分割，使其成为多样且统一的部分。

例如，在主入口区域设置大片竹林，利用成片植物构建长方形空间，之后分段塑造空间形态。对从入口进入后的空间，可利用整齐的树阵适当遮挡后续的建筑物，使游客在穿过树阵后可以看到宽阔的广场，从而产生一种豁然开朗的感觉。

4.植物在道路上的应用

在园林景观中，道路是重要的景观要素，也是植物造景的主要区域。在道路上进行植物造景时，最为常见的方式是在道路两侧种植高大乔木，形成大面积树荫，在提升视觉美感的同时起到遮阴的作用。在主干道可以选择凤凰木、栾树、银杏、悬铃木、木棉、红花紫荆等植物，在次干路可以选择龙柏、黄槐、桂花等植物，以提升植物与道路的协调性。

（四）合理搭配植物颜色

不同植物的颜色，以及同一植物在不同季节的颜色都有较大的差异。颜色是影响植物造景视觉体验的关键因素。在进行植物造景时，设计者要重视对植物颜色进行合理搭配，根据植物颜色变化优化植物配置。植物叶片颜色普遍为绿色，但是部分秋色叶树种具有独特的颜色特征，如在秋季银杏叶子会变黄，金叶榆的叶片颜色常年为金色。设计者可将秋色叶树种和叶片颜色为绿色的植物进行混合种植，构建个性化的园林植物景观。此外，不同植物的果实颜色也会有一定差异，设计者可结合果实和叶片颜色的对比度，对植物进行配置，提高植物造景效益。

（五）植物养护

后期养护是植物造景的一个重要环节。在完成植物种植后，人们需要对其进行适当的养护，通过修剪、除草、灌溉、施肥、病虫害防治等养护措施，确保植物的成活率，延长植物造景的维持时间，保证园林植物景观的质量。

整形修剪是植物养护过程中需要关注的要点。对树木进行修剪，使树形保持整齐，能让人获得协调统一的美感。否则，会影响遮光效果。在整形修剪过程中常用的方法包括短剪、缩剪，需要结合不同植物的特性，为其选择相应的修剪方式。在修剪时，相关人员需要对植物造型进行调整，可通过曲、盘、拉等方式，控制植物的生长，避免植物的外形出现过多变化。

四、植物造景的艺术手法

在现代园林植物景观规划设计中，设计者必须实现植物景观科学性与艺术性的高度统一。也就是说，现代园林植物景观设计应该在保证植物与生态环境相互适应与统一的基础上，利用先进的艺术构图原理，表现植物个体与群体的形态美，满足人们对园林植物景观的审美鉴赏需求。

植物景观的艺术性具有细腻且复杂的特点，设计者在进行植物造景的过程中，应将绘画艺术与古典文学艺术巧妙且合理地应用到植物线条、色彩的构图中，遵循植物季相与生命周期变化的规律。设计者应以自然美为基础，根据社会发展的趋势，优化植物配置，设计出符合现代人审美需求的园林景观。

虽然植物的形态等特征会随着时间的变化而变化，但这种变化对于人们来说非常缓慢且在日常生活中不易被发现。设计者在进行植物造景时应将自然美融入现代园林景观，丰富园林景观的内容，扩大园林景观艺术的覆盖范围，创造出符合园林艺术造型的园林景观，使人们在欣赏园林景观时，通过直接触摸或视觉感受等方式，感受园林景观丰富的色彩。为了增强植物景观的艺术性，在进行植物造景时，设计者可采用下列艺术手法：

（一）多样统一

设计者在进行植物造景时，应该严格按照统一性原则，合理运用园林艺术，保证园林植物景观在体量、高度、色彩、线条、风格等方面的一致性或相似性，营造出统一和谐的感觉。同时，设计者也要注意，如果过度追求植物景观的一致性，则会带给人们一种呆板、沉闷、单调的感觉。因此，在进行植物造景时，应在保证统一的基础上，突出不同植物景观的特点，体现园林设计艺术的多样性，增强园林景观设计的艺术性。

（二）对比与调和

在进行植物造景时，设计者可通过对比与调和的艺术手法，展现植物景观的高度、体量、色彩、虚实、开闭等。只有明确了对比与调和的对象，设计者才可以借助不同植物景观之间的关联性，设计出含有共同元素与相同属性的现代园林植物景观。

1.高度对比与调和

设计者在进行植物造景时，应通过对比使不同高度的植物相互协调。例如，通过设计，实现高大的乔木与低矮的灌木的协调等。

2.体量对比与调和

不同的植物在体量上存在很大的差别，以其长成期一般生态的相差级数的不同来对比，可获得不同的景观效果。虽然不同体量的植物在景观设计中呈现出的效果存在一定差异，但其姿态却存在着相互调和的关系。

3.色彩对比与调和

根据色彩构图原理，红、黄、蓝三原色中的任何一种原色与其他两种原色混合在一起形成的间色相比较，会产生一明一暗、一冷一热的对比色。如果将这些原色并列在一起，能营造出一种相互排斥且对比强烈的气氛。在进行植物造景时，设计者可参考这一色彩原理，对不同颜色的植物进行合理配置，营造出和谐的景观氛围。

4.虚实对比与调和

现代园林中的林木葱茏属于实景，而林中的草地则是虚景。只有虚实相互融合，才能体现园林空间的层次感，使园林景观丰富多样。

5.开闭对比与调和

设计者在进行植物造景时，有意识地创造出既封闭又开放的空间，不但可以营造出局部空旷的氛围，还能体现园林景观的特点。如果城市园林景观中只有封闭景观而没有空旷景观，会使游客产生一种闭塞的感觉，只有将封闭景观与空旷景观有机结合在一起，才能达到引人入胜的设计效果。

（三）对称与平衡

对称手法在造型艺术中有着重要的作用。现代园林的整体或空间布局设计，主要是通过对称与平衡的艺术手法，给人一种和谐感。目前，生物体自然存在的对称形式主要有两侧对称和辐射对称两种。植物的对生叶、羽状复叶等都属于两侧对称；菊花头状花序上的轮生舌状花则是常见的辐射对称。由于具有对称感的实体大多是属性相同的物质，给人的感觉往往是具体、严格且生硬的，因此这种同属性物质形成的对称也被称为平衡。

（四）均衡配置

均衡配置的艺术手法是园林景观植物配置常用的方法。设计者应根据园林景观周边环境的特点，采取规则的均衡式的植物配置方式，以增强园林景观植物配置的美观性，提高园林景观设计的质量。

（五）注重韵律感

在园林景观中，植物的规律变化，可使人产生一种韵律感。道路两旁行道树采用一种或两种以上植物重复出现的种植方式，即可形成有规律的变化。例如，将一种树木按照等距离原则排列，可形成简单韵律；将两种树木相间排列在一起形成的规律变化，即为交替韵律；如果将三种或更多种植物交替排列在一起，则会形成更加丰富的韵律感。此外，人工修剪绿篱形成的形式多样的变化，如方形起伏的城垛状、弧形起伏的波浪状等形式，是人们常说的形状韵律。

第二节 现代化居住区植物造景

在现代化居住区的规划与建设中，植物造景已经成为不可或缺的元素。植物造景不仅能够美化环境、提升居住品质，更是人与自然和谐共生的生动体现。随着城市化进程的加快和人们生活水平的提高，人们对居住环境的要求也越来越高。植物造景作为现代化居住区的重要组成部分，其价值也日益凸显。

首先，植物造景能够提升居住区的整体品质，吸引更多的购房者。其次，植物造景能够提高居民的生活质量，提升居民的幸福感和满意度。最后，植物造景能够推动城市绿化和生态建设的发展，为城市的可持续发展贡献力量。本节从现代化居住区景观设计的原则入手，分析现代化居住区植物造景的作用和要求，以及构成方式，探讨现代化居住区植物造景的具体配置。

一、现代化居住区景观设计的原则

（一）因地制宜、本土树种优先的原则

现代化居住区景观设计应遵循因地制宜、本土树种优先的原则。这一原则强调在设计过程中，设计者应充分考虑地理、气候等自然条件以及当地文化、居民需求等人文因素，从而实现景观设计的个性化。

首先，因地制宜意味着在现代化居住区的景观设计中，设计者要充分发挥当地自然资源的优势。例如，在气候干旱地区，应选择耐旱树种，以降低灌溉成本并提高树木成活率；在沿海地区，则可选用抗风、耐盐碱的树种，以适应独特的气候和土壤条件。此外，因地制宜原则还要求设计者注重对地形、地貌的利用和改造。例如，在山地，设计者可利用地形高差打造层次丰富的景观效果；在平原，设计者则可采用水平线条，营造开阔的景观。

其次，坚持本土树种优先原则是为了保护当地生态环境和生物多样性。优先选用本土树种，不仅可以避免外来物种入侵，还能发挥本土树种更好地适应当地气候条件、减少养护成本等优势。同时，本土树种往往具有一定的生态功能，如抗病虫害、固土保水等，有利于维护居住区的生态平衡。

最后，本土树种还能体现当地的文化特色，增强居民对居住区的认同感和归属感。

在实际操作中，因地制宜、本土树种优先的原则，还要求设计者综合考虑美观性、功能性、建设成本等多方面因素，以保证景观设计的科学性。例如，在居住区中心区域，设计者可选择观赏价值较高的本土树种，打造优美的景观；在人行道、绿化带等区域，设计者则可选用具有遮阴、降噪等功能的本土树种，

提升居住区的舒适度。

（二）生态自然、交相辉映的原则

现代化居住区景观设计应遵循生态自然、交相辉映的原则。这一原则强调在景观设计过程中，设计者应充分尊重自然，保护生态环境，同时注重各元素间的协调性。

首先，生态自然原则要求在景观设计中，设计者尽量保持原有生态系统的完整性和稳定性，尽量不破坏地形、地貌和植被，保护野生动物的栖息地。同时，生态自然原则还要求在景观设计中，设计者应充分发挥植物的生态功能，如选用具有净化空气、保水保土等功能的植物，以提高居住区的生态环境质量。

其次，交相辉映原则强调，在景观设计中，设计者要保证各元素之间的协调性，包括建筑物、绿化景观、水体、广场等各个要素之间的协调性，以及不同要素在色彩、材质、形态等方面的搭配的协调性。例如，建筑物与绿化景观相结合，可以营造出宁静、舒适的居住环境；水体与绿化景观相映成趣，可提升居住区的环境质量。

最后，交相辉映原则还要求在景观设计中，设计者应充分考虑居民的需求，如设置休闲座椅、健身器材等设施。

在实际操作中，生态自然、交相辉映的原则，还要求设计者综合考虑景观的功能性、美观性、生态性等多方面因素。例如，在居住区的中心区域，可采用自然式的绿化布局，模拟自然景观的起伏和变化，打造优美的景观；在居住区的边缘区域，则可选用具有防护、隔离等功能的绿化带，提高居住区的生态环境质量。同时，还要注重对景观的维护和管理，确保景观可长期稳定发挥作用。

（三）人文、实用的原则

在现代化居住区景观设计中，人文和实用的原则是不可或缺的。景观设计不仅要追求视觉上的美感，更要满足人们的实际需求，体现人文关怀。

第一，居住区景观设计需要充分考虑居民的活动需求，为居民提供足够的休闲娱乐空间，如公园、广场、运动场等。同时，景观设计还应考虑到居民精神层面的需求，如提供安静的休息区，设置方便居民交流、互动的场所等。

第二，居住区景观设计需要体现文化内涵。每个居住区都有其独特的历史和文化背景。在进行景观设计时，设计者应充分挖掘这些文化元素，使之成为居住区景观的一部分。例如，可以通过设置文化墙、创作雕塑作品、增加艺术装置等形式，来展示社区的文化特色。

第三，居住区景观设计需要注重生态和环保。设计者应充分考虑对生态环境的保护，坚持可持续发展的设计理念，如选用本土植物、采用节水灌溉系统等。同时，设计者还应考虑噪声、光照、空气等环境因素的影响，通过合理的布局和设计，创造出舒适、健康的居住环境。

第四，居住区景观设计要实现功能性和美观性的统一，既能满足居民的实际需求，又具有审美价值。这需要设计者在设计中充分考虑功能分区和空间布局，选用美观、耐用的材料和植物，营造出既实用又美观的居住环境。

二、现代化居住区植物造景的作用和要求

（一）现代化居住区植物造景的作用

1.美化环境

在现代化居住区中，植物造景可以美化环境，提升居住区的整体形象。科学的植物配置和景观设计，可以使居住区呈现出四季分明的景观效果，让居民感受自然之美。植物的形态、色彩、质感等因素都可以增加居住区的美感，从而营造出舒适、宜人的居住环境。此外，植物还能吸收空气中的有害物质，减少噪声，改善居住区的环境质量。

2.维护生态平衡

植物造景具有显著的生态功能，可以在居住区形成一个稳定的生态系统。植物通过光合作用可以吸收二氧化碳，释放氧气。此外，植物的根系还可以固定土壤，减少风蚀和水蚀，维护生态平衡。

3.提供社会活动场所

植物造景具有很强的社会功能。居住区内的植物景观为居民提供了一个休闲、娱乐的场所，人们可以在该场所中散步、健身、聊天，享受自然之美，放松身心。植物造景还可以为居民提供各种文化活动空间，方便居民开展各种文化活动，如植物科普教育、花卉展览等，丰富居民的精神文化生活。

4.提供自然知识教育

在现代化居住区的景观设计中，植物造景还具有教育功能。植物种类繁多，形态各异。通过植物造景，居民可以学到生态环境保护和生物多样性保护的相关知识。例如，居住区可以设置专门的植物认知区域，种植各种本地植物，并附上标识牌，介绍植物的名称、特性和生态功能，让居民了解自然、学会尊重自然。此外，植物造景还可以通过植物在不同季节的变化，向居民传递季节更替的信息，增强人们对自然环境的感知能力。

5.体现文化特色

植物造景还能够体现当地的文化特色。不同的地区有着不同的植物文化，居住区可以运用这些具有文化象征意义的植物，营造富有文化气息的居住环境。通过植物造景展示地域文化，不仅能够增强居民的归属感，还能让外来访客感受当地的文化魅力。

6.带来经济效益

在现代化居住区的景观设计中，植物造景也能带来一定的经济效益。合理的植物造景能够提高居住区的环境质量，提升居民的舒适度，从而提高该地区的经济价值。此外，选用本土植物进行造景，可以减少后期的养护成本；而植物的生态功能也有利于降低居住区的能耗，进而减少居民的居住成本。

（二）现代化居住区植物造景的要求

1.兼顾经济性与生态性

在现代化居住区的植物造景中，兼顾经济性与生态性是对植被绿化的基本要求之一。首先，经济性要求设计者在选择植物种类、进行植物造景时，要充分考虑到成本问题，尽可能选择成本较低但景观效果较好的植物。例如，设计者可以选择一些适应性强、生长速度快、后期维护成本较低的本地植物。其次，生态性要求设计者在植物造景的过程中，要充分考虑到植物的生态价值，如净化空气、保水保土等。在选择植物种类时，设计者应尽可能选择一些具有较高生态价值的植物。例如，乔木可以遮阴，减少地面辐射热；草本植物可以起到保持水土的作用等。

2.兼顾安全性与观赏性

在保证经济性与生态性的同时，设计者还要考虑到植物造景的安全性和观赏性。安全性主要体现在对植物的选择和布局上，设计者要避免选择一些有毒植物，或者刺、果实可能对居民造成伤害的植物。同时，植物的布局也要考虑到居民的安全。例如，避免植物种植过于密集，影响居民的视线；在居民活动区域避免种植高大的植物，防止意外伤害。观赏性则要求设计者在植物造景过程中要充分考虑植物的形态、色彩、花期等因素，选择一些具有较高观赏价值的植物，以提升居住区的环境质量，满足居民的观赏需求。

三、现代化居住区植物造景的构成方式

随着现代化城市建设的不断推进，居住区作为人们日常生活的重要空间，其景观设计逐渐受到人们的重视。在现代化居住区植物造景中，美学元素不仅是影响设计效果的重要因素，更是提升居住品质、营造舒适生活环境的关键。在现代化居住区的景观设计中，植物造景已不再是简单的绿化手段，而是融合

了美学、生态学和人文理念的综合艺术。在植物造景中，对植物进行合理的选择、搭配和布局，能在居住区营造出一种独特的空间氛围，使居民在日常生活中感受到自然的魅力和生活的美好。这种美学追求不仅提升了居住区的整体形象，也为居民带来了更加舒适的生活体验。

一是平面构成。在现代化居住区植物造景中，植物的平面布局需要考虑居住区的整体规划和功能分区，使植物景观与居住区的建筑物、道路、广场等元素相协调。在平面构成中，常用的布局方式有规则式、自然式和混合式。

二是立面构成。立面构成是植物造景的重要构成方式，决定了植物景观的垂直空间效果。立面构成需要考虑植物的高度、形态、色彩、生长周期等因素，以达到良好的视觉效果。具体来说，设计者要注意以下几点：

首先，设计者要考虑植物的高度和形态，选择适合的植物种类，使植物在垂直空间上形成有层次的景观效果。例如，可以高大的乔木为背景，搭配高度适中的灌木和较矮的地被植物，形成丰富的立面景观。

其次，设计者要注重植物的色彩搭配，利用植物在季节变化中呈现的色彩差异，营造出富于变化的立面景观。例如，在春季，设计者可以选择开花的乔木、灌木等植物；在夏季，设计者可以选择绿叶植物；在秋季，设计者可以选择秋色叶树种；在冬季，设计者可以选择常绿植物。

最后，设计者要考虑植物的生长周期，对植物进行修剪，使植物在立面构成中保持良好的形态和生长状态。合理的修剪，可以塑造出独特的植物景观，提升居住区的整体美感。

在现代化居住区植物造景中，设计者要精心设计植物的布局方式和立面效果，营造出美观、和谐、舒适的居住环境，以提升居民的生活品质。

四、现代化居住区植物造景的具体配置

（一）植物造景的颜色配置

植物造景的颜色配置是现代化居住区景观设计中不可或缺的一环。颜色的配置不仅影响着居住区的美观程度，也关系到居住者的情感体验和身心健康程度。居住区植物的颜色应与建筑物、道路、广场等的颜色相协调，形成一个和谐、统一的整体，避免颜色冲突，造成视觉污染。同时，适当运用色彩对比，可以增强植物造景的视觉冲击力。例如，常绿植物与季节性花卉的搭配，可以营造出富有变化和层次感的景观效果。

设计者可利用植物在不同季节呈现的不同色彩，设计出四季分明的植物景观。例如，春季的樱花、桃花，夏季的绿叶植物，秋季的黄叶植物和红叶植物，冬季的常绿植物等。同时，设计者还应考虑植物色彩对人心理的影响。例如，蓝色和绿色具有镇静作用，这两种颜色的植物适合种植在休息区域；红色和黄色则较为醒目，这两种颜色的植物可用于引导和警示。此外，设计者还可结合中国传统的色彩文化，如红色象征喜庆，绿色象征生命和活力，白色象征纯洁、高雅等，选择在色彩上具有象征意义的植物。

在实际操作中，设计者可根据不同居住区的设计风格和功能需求，灵活运用以上颜色配置原则，进行科学合理的植物颜色配置。

（二）植物造景的植被种类配置

植被种类配置是现代化居住区植物造景的重要组成部分，直接关系到居住区的生态环境质量、物种多样性和景观效果。在进行植物造景时，设计者应选择能适应当地气候、土壤和水分条件的植物种类，保证植被的成活率和居住区的生物多样性。

首先，根据功能不同，居住区可分为休闲区、观赏区、防护区等区域，在不同区域应选择具有相应功能的植物种类。例如，在休闲区可选择遮阴效果好的大树，在观赏区可选择开花植物，在防护区可选择抗风沙、能降低噪声的植物。

其次，设计者要考虑植物的形态、色彩、花期等，对植物进行合理搭配，使其形成优美的景观。例如，高大的乔木、低矮的花灌木和地被植物的搭配，可以形成丰富的空间层次感。

最后，设计者可以结合中国的园林文化，运用具有传统文化寓意的植物种类，如松、竹、梅等，体现居住区的文化内涵。

在实际的植物造景过程中，设计者应充分考虑上述因素，科学地搭配植被种类，实现居住区植物造景的生态性、美观性和文化性的有机结合。

第三节　城市公园绿地植物造景

随着城市化进程的加速，人们对绿色空间的需求愈发迫切。城市公园绿地作为城市生态系统的重要组成部分，不仅为市民提供了休闲、娱乐的场所，更是调节城市微气候、净化城市空气、缓解城市热岛效应的绿色"肺叶"。在城市公园绿地的规划与建设中，植物造景扮演着至关重要的角色。

一、城市公园绿地植物造景的概念和意义

（一）城市公园绿地植物造景的概念

城市公园绿地植物造景是指在城市公园绿地中，设计者通过科学合理地选择和配置各种植物，达到美化环境、改善生态环境、提供休闲空间等多重目的

的过程。城市公园绿地植物造景对于提高城市居民的生活质量、促进城市可持续发展具有重要意义。城市公园绿地植物造景的主要内容包括树种选择、植物配置、空间营造、景观设计等。其中，树种选择是基础，植物配置是关键，空间营造和景观设计是目的。

在树种选择方面，设计者应考虑植物的生态功能、生长特性、观赏特性等，在保证植物健康生长的基础上，营造良好的景观效果。在植物配置方面，设计者应运用生态学原理和美学原理，充分考虑植物之间的相互关系以及植物与环境的关系，以获得最佳的生态效益和观赏效益。在空间营造方面，设计者应根据不同区域的功能需求和景观要求，采用不同的植物配置方式，营造出具有一定功能和美感的空间环境。在景观设计方面，设计者应注重植物与水体、建筑物等其他景观要素的协调性，创造出具有特色和吸引力的城市公园绿地景观。

第一，城市公园绿地植物造景是对自然环境的模仿与创新。首先，城市公园绿地的植物配置通常是设计者在模拟自然生态的基础上，依据地形、地貌以及气候条件，选择适应当地环境的植物种类，使其形成稳定的生态系统。其次，城市公园绿地植物造景还需设计者充分考虑城市文化特色，利用地方特有的树种或者通过植物造景讲述城市的历史故事，让市民和游客在享受自然之美的同时，也能感受到城市的文化底蕴。最后，在植物的选择和布局上，城市公园绿地植物造景的整体特色还表现在植物色彩、形态、香气等方面的搭配上。春季，各种花卉竞相开放，构成一幅绚丽多彩的画面；夏季，高大的乔木提供阴凉，绿叶成荫；秋季，层林尽染，金黄色的落叶林与常绿树相互映衬；冬季，虽然万物凋零，但是一些常绿植物和冬季开花植物，如蜡梅等，依然能够给城市公园绿地带来生机。

第二，城市公园绿地植物造景要求设计者通过植物的高低错落、色彩搭配和质感差异来营造丰富的空间层次感。在空间处理上，利用植物的竖向和横向结构，可以创造出开敞或封闭的空间效果。例如，高大的乔木可以形成"天际线"，为公园创造出一种向上的空间引导；而低矮的花卉和地被植物则可以限定空间，划分出不同的功能区，如休息区、游乐区等。此外，植物的色彩和质感也会影响人们的感受，如暖色调的植物给人以温馨、热烈的感觉，冷色调的植物则让人感到宁静、清新。城市公园绿地的植物还可以与建筑物、水体等景观要素相结合，形成和谐或对比强烈的空间关系，以增强空间的艺术感。

第三，城市公园绿地植物造景是不同植物种类的有机组合，旨在形成稳定的生态群落。这些群落既能满足生物多样性的需求，又能反映出自然生态特色。生态群落的构建需要遵循生态学原理，考虑植物间的相互关系。在群落结构方面，既要有高大乔木作为上层结构，也要有灌木和草本植物构成中层和下层结构，这样才能形成丰富的视觉景观。此外，城市公园绿地植物造景所构成的生态群落还注重季节变化和周期性变化，使得群落在不同季节呈现出不同的特色。这样的植物造景不仅美化了环境，也丰富了公园的生态功能，为城市居民提供了亲近自然的空间。

第四，城市公园绿地植物造景是以人的需求为中心，需充分考虑人的生理和心理需求，以及人与环境的关系。在植物选择上，设计者应选择具有观赏性、生态性、功能性的植物，同时考虑植物的季节变化和色彩搭配，以营造出舒适、宜人的环境。在空间布局上，设计者应充分利用植物的高低、大小、形状等特性，创造出富有变化和层次感的空间，以满足人们在休闲、娱乐、运动等方面的需求。此外，设计者还应注重植物与建筑物、水体等景观要素的协调与融合，打造出既舒适又实用的城市公园绿地环境。

第五，城市公园绿地植物造景是对自然美的追求。在植物选择上，设计者应选择具有自然美特征的植物，自然美特性包括形态独特、色彩艳丽、具有花果香气等，同时考虑植物的生态习性和生长环境，构建和谐的自然景观。在空间布局上，设计者应充分利用植物的自然生长规律，创造出富有自然韵味的空间，如利用植物的高低错落、疏密有致、色彩搭配等，营造出自然的氛围。此外，设计者还应注重植物与地形、水体等其他自然元素的融合，营造出自然、和谐、富有生机的美丽景观。

总的来说，城市公园绿地植物造景是一项复杂而重要的任务，设计者只有深入研究和实践，才能创造出更加美丽的城市公园绿地景观。

（二）城市公园绿地植物造景的意义

1.景观意义

城市公园植物造景对于提高城市环境质量、提升城市的美观度具有重要意义。同时，城市公园绿地还可作为衬托和协调文物古迹、遗址环境的重要因素，以提升城市整体景观的协调性。

2.生态意义

城市公园植物造景在生态保护方面发挥着重要作用。首先，植物不仅能通过光合作用吸收二氧化碳，释放氧气，还能吸收城市中的有害气体和粉尘，减少空气污染。其次，植物景观能保持土壤水分，减少水土流失，维护城市生态平衡。最后，植物景观还能为城市中的野生动物提供食物和栖息地，保持城市生物多样性和生态系统的稳定性。

3.社会意义

城市公园植物造景对于促进社会和谐、提高市民素质和增强城市凝聚力具有积极作用。首先，城市公园绿地植物景观为市民提供了一个休闲娱乐的场所，有助于增进市民之间的交流和互动，促进社会和谐。其次，城市公园绿地植物景观有助于提高市民的生态文明素质，培养市民热爱自然、保护环境的意识。最后，城市公园绿地植物景观还能展现城市的文化底蕴和特色，塑造城市形象，增强城市的凝聚力和向心力。

二、城市公园绿地植物景观的特点和配置要求

（一）城市公园绿地植物景观的特点

1.多样性

城市公园绿地植物景观的多样性体现在多个方面：

首先，从植物种类的多样性来看，城市公园绿地会种植多种不同的植物，

包括乔木、灌木、草本植物等，这些植物在色彩、形态和高度上都有所不同，能够满足不同季节和不同区域的景观需求。这种多样性不仅丰富了城市公园绿地的视觉效果，也为公园内的生物提供了多样的栖息环境。

其次，从植物布局的多样性来看，设计者在设计城市公园绿地植物景观时往往会根据不同的设计理念和功能需求进行布局。因而，不同的公园有不同的景观特色。例如，有的公园可能会采用规则的排列方式，如行列式或网格式布局，营造出整齐有序的景观效果；而有的公园则可能会采用自然的布局方式，如丛生式或群落式布局，营造出自然和谐的景观效果。

最后，从植物文化的多样性来看，城市公园绿地的植物景观往往会融入多种文化元素。例如，一些公园可能会种植具有地域特色的植物，以展示当地的文化特色；而一些公园则可能会种植具有象征意义的植物，如松、竹、梅等，以传达特定的文化寓意。

2.生态性

城市公园绿地植物景观强调生态性，注重发挥植物的生态功能。公园内会种植具有净化空气、保水保土、调节气候等功能的植物，以改善城市环境，提高城市生态质量。例如，大量的乔木和灌木可以吸收空气中的有害物质，减少空气污染；而草地和湿地则能有效地保水保土，减少水土流失。此外，植物通过光合作用吸收二氧化碳，释放氧气，能调节气候，提高空气质量。

3.人文性

城市公园绿地植物景观具有人文性，有利于满足人们的审美需求。公园内会种植具有文化内涵、具备象征意义的植物，如传统名花、特色植物等，以体现人与自然的和谐共生。例如，樱花代表着人们对美好生活的期许，常常成为城市公园绿地植物景观中的一大亮点；而梅花则象征着坚韧和顽强的品质，为城市公园绿地增添了一份傲骨。

在城市公园绿地种植具有特殊意义的植物，不仅能够营造出美丽的自然景观，还能展现城市深厚的文化底蕴，让人们在休闲娱乐的同时，感受到植物景观所传递的美好情感和文化内涵。

4.空间层次感

城市公园绿地植物景观的空间层次感是指通过植物的高低、大小、颜色和形态等差异，营造出丰富的视觉体验和空间感。在城市公园绿地的景观设计中，空间层次感对于提升景观美感、丰富市民和游客的观赏体验至关重要。

首先，植物的高低差异可以创造出垂直的空间感。高大的乔木可以作为背景，营造出广阔的空间感，而低矮的花卉和草本植物则可以作为前景，增加景观的层次感。合理的植物搭配能使城市公园绿地的空间层次更加丰富。

其次，植物的大小差异也可以增强空间层次感。设计者可以将高大的乔木和灌木作为主景，将小型花卉和草本植物作为点缀，使景观更加生动和有趣。大小不一的植物组合，可以营造出或开阔、或紧凑、或温馨的空间氛围。

最后，植物的颜色和形态也是形成空间层次感的重要因素。植物在颜色上的搭配可以吸引人们的注意力，增强景观的视觉冲击力。而不同形态的植物可以营造出独特的空间氛围，如曲径通幽、疏朗明亮等。

5.可持续性

城市公园绿地植物景观的可持续性是指在进行植物造景时，设计者采用环保、节能和可持续的方法，以减少对环境的影响，同时保证植物健康生长，注重对景观的长期维护。

首先，选择适应当地气候和土壤条件的植物种类是关键。只有选择适应当地气候和土壤条件的植物，才能降低植物对水和化肥的依赖，从而降低植物的维护成本。同时，选择具有较强抗病虫害能力的植物种类，可以减少化学农药的使用，保护生态环境。

其次，合理的设计和布局也很重要。合理的植物搭配和空间布局，可以提高植物的生态效益，如吸收二氧化碳、释放氧气、调节气温等。同时，合理的设计可以减少能源的消耗，提高资源利用效率。

最后，城市公园绿地的维护和管理也是重要的一环。采用科学的管理方法，如合理修剪、定期施肥等，可以保证植物健康生长，延长植物的生命周期。

6.节庆性

城市公园绿地植物景观的节庆性是指通过植物配置和景观设计,设计者营造出与特定节日或活动相符的环境氛围和景观效果,从而让人们获得更好的节日体验,丰富公园的文化内涵。

首先,可选择与节日主题相符的植物种类。不同的节日有不同的象征植物,如春节的桃花、中秋节的月光花等。配置与节日主题相符的植物,可以营造出浓厚的节日氛围,增强人们的节日情感。

其次,不同形态和颜色的植物搭配起来,可以形成不同的节庆效果。例如,将色彩鲜艳的花卉和草本植物搭配在一起,可以营造出热烈、欢快的氛围;而采用对称的植物布局,可以营造出庄重、严肃的氛围。不同形态和颜色的植物搭配起来,可以满足不同节日和活动的氛围需求。

最后,还可以对植物进行装饰来体现植物景观的节庆性。例如,在节日期间,使用彩灯、灯笼等装饰品,可以增加植物在夜晚的观赏性;以彩旗、花环等作为植物装饰,可以营造独特的节日氛围。

总的来说,城市公园绿地植物景观的特点主要体现在多样性、生态性、人文性、空间层次感、可持续性和节庆性等方面。在进行城市公园绿地植物造景时,注重发挥植物景观的作用,能为市民和游客营造一个美丽、舒适、安全的休闲环境,提高城市居民的生活质量。

(二)城市公园绿地植物景观的配置要求

1.营造植物景观时要有层次感

在城市公园绿地植物造景中,保证植物景观的层次性是一项重要的工作。营造的植物景观有层次感,不仅能提升公园的美观程度,还能提高城市公园绿地的生态价值。为了达到这一目的,设计者需要注意以下几点:

首先,要选择不同高度、不同叶形和不同花期的植物进行搭配。例如,高大的乔木可以作为背景,高度适中的花灌木可以提供色彩和香气,较矮的草本植物则可以用来填充空隙，以形成丰富的层次感。

其次，要考虑植物的生长习性。例如，在阳光充足的区域，设计者可选择喜阳的植物，在阴凉的区域则可选择耐阴植物。同时，要考虑植物之间的相互关系，避免植物相互竞争。

最后，要考虑植物的季节变化，选择具有明显季节特征的植物，使城市公园绿地的植物景观在不同季节都有亮点。例如，在春季，可选择樱花、桃花等花卉；在夏季，可选择夹竹桃等常绿植物；在秋季，可选择银杏、红枫等秋色叶树种；在冬季，则可选择蜡梅、茶梅等耐寒植物。

2.注重植物配置的生态层次性

注重植物配置的生态层次性是指设计者在城市公园绿地植物造景中，应根据植物的生态习性和生长特点，科学合理地搭配不同种类的植物，使其形成具有良好生态功能的植物群落。注重植物配置的生态层次性不仅有助于提升公园的美观程度，还能提高城市公园绿地的生态效益。为了实现植物配置的生态层次性，设计者要注意以下几点：

首先，要选择适应本地气候和土壤条件的植物，保证植物健康生长，避免发生病虫害。同时，尽可能选择具有较强生态适应性的本地植物，使其更好地融入公园的生态环境。

其次，要注重植物的多样性。多样性是生态系统的基石，能够增强公园的生态稳定性，提高生态系统的抗干扰能力。因此，在配置植物时，设计者要尽量选择不同种类的植物。

最后，要考虑植物的空间分布。合理的空间分布可以提高植物群落的生态效益。例如，乔木层可以遮阴，为动物提供栖息地，灌木层可以为动物提供食物和庇护所，草本层可以为动物提供食物。同时，要考虑植物的生长速度和更新周期，保持植物群落的动态平衡。

3.注重植物配置的功能层次性

（1）人性化

城市公园绿地植物景观的人性化体现在对人的关怀上。公园是市民休闲娱乐的好去处，合理的植物配置应充分考虑人们的使用需求和心理感受。具体要求包括：设计者要选择对人体健康有益的植物，如具有净化空气、杀菌、抗过敏等作用的植物；还可以选择具有美化环境、提供阴凉等作用的植物；同时，配置植物时应根据季节变化进行色彩搭配，使公园在不同季节都有美丽的景色，以满足人们的审美需求。

此外，人性化的城市公园绿地植物景观还要求设计者考虑到人的活动特点。例如，在儿童游乐区，应选择安全性高的植物，不要采用有刺、有毒的植物；在运动区域，应选择不易受污染、耐踩踏的植物等。人性化的配置手段能让城市公园绿地成为更加舒适、安全的休闲空间。

（2）规划设计

在城市公园绿地植物景观的规划设计中，设计者应考虑公园的整体环境。植物是城市公园绿地景观的重要元素，合理的规划设计可以充分发挥植物的生态、观赏、休闲等多重功能。

首先，在规划设计中，设计者应根据城市公园绿地不同功能区的划分，合理地配置植物。例如，在安静的休息区，可以配置一些高大的落叶乔木，为游客提供阴凉，同时要注意不影响游客视线；在观赏区，可以配置一些色彩丰富、花期较长的植物，使其形成美丽的景观带等。

其次，在植物的布局上，应注重层次感和空间感。通过高低错落、疏密有致的植物搭配，公园景观会更具立体感和动态美。同时，还应注意植物与水体、建筑物等其他景观要素的协调性，使城市公园绿地成为和谐、统一的整体。

最后，在植物种类的选择上，应充分考虑本地气候、土壤等自然条件，优先选择适应当地环境的植物。此外，还应注重植物的多样性，保持生态平衡，避免单一物种的过度集中，以保持公园生态系统的稳定性。

三、城市公园绿地植物造景的方式及策略

（一）城市公园绿地植物造景的方式

1.植物的选择及搭配

城市公园绿地植物造景是城市环境建设的重要组成部分，植物造景的效果不仅关系到城市的生态平衡，还直接影响到市民的休闲体验。在植物的选择及搭配上，设计者应遵循生态适应性原则、美学原则和功能协调原则，科学规划。

在植物的选择方面，设计者选择的植物种类应适应当地的气候条件，包括温度、湿度、光照等，以确保植物能健康生长。例如，在气候干旱的地区，应选择耐旱的植物，如沙棘、沙柳等；在气候湿润的地区，则可选择喜水的植物，如水杉、荷花等。

在植物搭配方面，设计者应追求植物在色彩、形态上的和谐、统一。春季，可选择樱花、桃花等花卉，用植物鲜艳的色彩为城市公园绿地带来生机；夏季，可选择绿叶植物，如常绿乔木，为游客提供阴凉；秋季，银杏、红枫等秋色叶树种可以让公园色彩斑斓；冬季，松柏等常绿植物能为公园增添生气。

同时，设计者也要根据公园不同区域的具体功能需求选择植物。例如，在儿童游乐区，应选择低矮安全、易于儿童亲近的植物；而在安静休息区，则可选择冠大荫浓的树种，如法国梧桐、榉树等。另外，设计者要考虑如何进行配置才能更好发挥植物在净化空气、降噪、防风等方面的作用。

在具体搭配时，可采用乔木、灌木、草本植物多层次的配置方式，既能丰富景观层次，又有利于维护生态多样性。例如，在公园入口处种植高大的乔木，如银杏、榉树等，可形成壮观的树阵；在步行道两侧搭配低矮的灌木和地被植物，如石楠、麦冬等，既能美化环境，又能方便行人。

城市公园绿地植物的选择及搭配是一门科学也是一门艺术。设计者需要充分考虑植物的生态习性、美学价值和功能，通过精心设计，营造出既美观又实

用的城市公园绿色空间。

2.绿植栽培的基质

在城市公园绿地植物造景中，绿植栽培的基质是需要考虑的重要部分，直接关系到植物的生长状况和景观效果的呈现。基质的选用应综合考虑植物种类、土壤条件、气候条件，以及经济实用性等多方面的因素。对不同类型的土壤进行适当改良，能满足植物的生长需求。例如，对于 pH 值不适宜的土壤，可以通过添加石灰或硫磺来调整 pH 值；对于排水性差的土壤，则应增加沙子、蛭石等材料以增强其透水性和透气性。

绿植栽培中常用的基质材料包括园土、泥炭土、珍珠岩、蛭石等。园土能提供丰富的养分且具备良好的保水性；泥炭土则因其良好的保水性和透气性被广泛用于容器栽培；珍珠岩和蛭石则因具有轻质、透气、保水的特性，常被作为改良剂使用。

不同植物对基质的要求不同，因此相关人员需要根据植物的习性对基质材料进行合理配比。例如，栽培根系较为发达的植物时，可在基质材料中适当增加园土的比例；而对于根系较浅的植物，则适合使用泥炭土和珍珠岩混合的基质。为了确保植物健康生长，减少病虫害，栽培前应对基质进行消毒。常用的消毒方法有高温消毒、化学消毒等。

栽培后，相关人员应定期检查基质的湿度和养分状况，并对其及时进行调整。例如，在干燥季节应增加浇水频率；而在多雨季节则要注意排水，防止基质过度湿润导致植物根系腐烂。

总之，相关人员应根据植物特性、土壤条件、气候条件等对绿植栽培的基质进行科学配比，同时应注重对基质的消毒和后期的维护管理，以确保植物能够健康生长，达到预期的景观效果。

（二）城市公园绿地植物造景的策略

在城市公园绿地植物造景的实践过程中，设计者要注意以下问题：一是要充分考虑植物的生态适应性,选择适应当地气候、土壤等条件的植物种类;二是要注重植物的多样性和原生性,保护和利用本地植物资源,避免过度引进外来植物;三是要注重植物的可持续发展,保护生态环境,合理利用资源,避免过度开发。

1.利用植物特性营造公园景观

城市公园绿地是市民休闲娱乐的好去处。植物景观作为城市公园绿地的重要组成部分,不仅美化了环境,还为市民提供了生态服务。设计者利用植物特性营造公园景观时,要选择适宜当地气候、土壤条件的植物种类。选择本地植物或者适应性强的植物种类,可以减少后期维护成本,而且能够起到维护生物多样性和生态平衡的作用。

植物的形态、色彩、香味等都是植物造景中需要考虑的重要因素。例如,春季可以选择樱花、桃花等植物,营造花团锦簇的视觉效果;夏季可以选择茂盛的绿叶植物,为游客提供阴凉;秋季,可以选择秋色叶树种为公园增添色彩;冬季,则可以选择常绿植物为城市公园绿地增添生机。

此外,植物高低错落、疏密有致的搭配也是营造公园景观的关键,设计者可以通过植物的垂直结构和水平结构来设计空间。例如,将高大的乔木和低矮的花卉进行搭配,形成对比;通过不同植物的组合形成不同的功能区,如安静的休息区、活泼的游乐区等。

2.利用植物景观合理组织公园空间

植物景观在组织公园空间方面发挥着重要作用。植物的隔离与连接,可以有效地将公园划分为不同的功能区域,同时保持空间的通透感和连续性。例如,可以用灌木或者花卉丛来分隔不同区域,同时用道路和绿化带引导人流,使不同空间既独立又相互联系。

还可以用植物来强调或者柔化某些空间特征。例如,在公园中的制高点,可以通过种植高大的乔木来强调这一位置;在需要柔化边缘的地方,如靠近道路的区域,可以配置绿篱或者低矮的植物带。植物的生长和变化是一个动态的过程。随着时间的推移,植物不断生长,其形态等会发生变化,公园的空间组织也会随之发生变化，这种自然演替能够为公园带来持续的新鲜感。

3.植物景观设计要符合不同人群需求

城市公园绿地植物景观设计应充分考虑不同人群的需求。例如，针对儿童的需求，可以设计色彩鲜艳、形态多样的植物景观，以及安全的活动空间；对于老年人，则需要考虑植物景观的舒适性，设计易于行走的路径，设置休息座椅、无障碍步道等；对于有休闲健身需求的市民，可以通过植物景观的搭配，提供跑步、散步等活动的场所。

同时，城市公园绿地的植物景观设计还应考虑艺术性和文化内涵，结合地方特色和历史背景，创造具有识别性和记忆点的景观节点。例如，在文化主题公园中，可以通过植物造景来体现特定的文化主题，让市民在享受自然之美的同时，也能受到文化的熏陶。

总之，城市公园绿地植物景观的营造是一个系统工程，设计者需要综合考虑植物的生态特性、美学价值、空间组织功能，以及市民的需求，通过科学规划和巧妙设计，实现人与自然和谐共生。

第四节　城市道路植物造景

在城市化进程中，城市道路作为城市的血脉和骨架，其重要性不言而喻。除了基本的交通功能，城市道路还承载着展示城市形象、营造城市氛围的重要职责。近年来，随着人们生活质量的提高与环保意识的增强，城市道路植物造景逐渐受到广泛关注，成为城市建设中不可或缺的一部分。

城市道路植物造景不仅能美化城市环境，还能提高城市居民的生活质量。随着我国城市化进程的不断推进，城市道路植物造景的发展趋势也呈现出一些新的特点：

第一，生态化趋势明显。近年来，我国城市道路植物造景越来越注重生态效益，强调植物的多样性和生态功能的完整性。在城市道路植物造景中，大量种植本土植物和适应性强的植物，能提高绿化效果；同时注重植物的搭配，可形成稳定的生态系统。

第二，智能化管理逐渐普及。随着科技的发展，城市道路植物造景的管理也越来越智能化。例如，人们可通过物联网技术对绿化植物进行实时监控，对土壤湿度、光照条件、温度等环境因素进行数据分析，以保证植物健康生长。此外，智能灌溉系统也能有效提高水资源的利用效率。

第三，人文关怀日益凸显。城市道路植物造景越来越注重人与自然的和谐共生，强调为市民提供舒适、宜人的道路环境。在植物的选择上，除了考虑植物的生态效益，还应注重选择具有观赏价值和文化内涵的植物，以提升城市的文化品位。同时，城市道路植物造景还注重无障碍设计，为残障人士提供便利。

第四，可持续发展成为重要目标。在城市道路植物造景中，积极推广低碳、环保的绿化方式，如使用节水灌溉方式、减少化学肥料的使用等。此外，还注重垃圾的资源化利用，提高资源利用率。

总的来说，城市道路植物造景的发展趋势表现为生态化、智能化、注重人文关怀和可持续发展。在未来，城市道路植物造景将继续朝着上述方向发展，为城市居民创造更加美好的生活环境。

一、城市道路植物造景的功能和原则

（一）城市道路植物造景的功能

1.实用功能

城市道路绿化的实用功能主要体现在：绿化带可以吸收太阳辐射热，降低道路表面的温度，缓解城市热岛效应；树木和草坪通过蒸腾作用释放水分，降低周围环境温度；植物能吸收多种有害污染物，如二氧化硫、氮氧化物和颗粒物等，起到提高空气质量的作用。

另外，树木具有一定的吸音效果，能有效降低道路交通产生的噪声，提升道路周边环境的舒适度。道路绿化能为野生动物提供栖息地和食物来源，有助于维持城市生态平衡。绿化带可以减缓雨水径流速度，通过土壤的渗透作用增加地下水补给，有助于维持城市排水系统的平衡。道路绿化可为司机提供视线引导，帮助司机减少眩光，从而降低交通事故的发生率，保障交通安全。

2.景观功能

绿化带和行道树可以美化城市道路，提升城市形象，给市民和游客带来愉悦的审美体验。城市道路绿化可以根据当地的地域文化特色进行设计，如选用具有地方特色的树种和植物，以展现城市的历史和文化。绿化带可将道路与周边建筑、人行道等分隔开，形成不同的空间层次，增强空间的开阔感和视觉美感。在道路交叉口、公交站点等重要节点，绿化设计可提升整体道路景观的品质。

在进行城市道路绿化时，根据不同季节的特点，选用不同的植物，可以营造出四季分明的景观效果，增加城市的观赏性。道路旁的绿地可以为市民提供休闲空间，满足市民的散步、观赏植物等需求，丰富市民的日常生活。

（二）城市道路植物造景的原则

1.满足功能性的要求

城市道路植物造景要满足功能性的要求，这意味着道路植物的选择与布局应充分考虑植物的实用价值，包括改善城市环境、保障交通安全、提供休闲空间等方面的功能。

在改善城市环境方面，道路植物可以吸收空气中的有害物质，释放氧气，改善城市热岛效应，还可以减少噪声。选择具有这些功能的植物，是实现这一目标的关键。

在保障交通安全方面，植物造景应避免影响交通视线，确保司机和行人的安全。合理规划行道树的种植位置和高度，避免枝叶侵入道路空间，是实现这一目标的重要措施。

在提供休闲空间方面，道路两侧的绿地和行道树可以为市民提供休闲、散步的场所，提升市民的生活品质。为了实现这一目标，在植物的选择上，可以考虑具有观赏价值的树种，以及能够遮阴的乔木等。

2.满足科学性的要求

城市道路植物造景的科学性要求，主要体现在植物的选择、配置和养护管理等方面。植物的选择应充分考虑当地的气候条件、土壤特性，以及人们对植物功能的需求。例如，在干旱少雨的地区，选择耐旱的植物种类就显得尤为重要。植物的配置应遵循生态学原理，有助于形成稳定的植物群落，提高生态效益。再如，混合种植不同高度和生命周期的植物，可以形成丰富的层次感，提升景观的观赏价值。在养护管理方面，需要根据不同植物的特点进行科学的水肥管理、病虫害防治和修剪整形，以保证植物的健康成长。

3.满足美学的要求

满足美学的要求是城市道路植物造景原则中不可或缺的一部分。城市道路植物造景应追求和谐、自然、富有变化的美。和谐美体现在植物与城市环境、建筑物、人文的协调，及植物的颜色、形态、质感等与周边环境相匹配等方面。

自然美强调植物配置应模拟自然景观，避免布局过于刻意。富有变化的美则要求城市道路植物造景应避免单一和重复，通过不同植物的搭配，形成丰富的视觉体验。例如，选择不同季节开花的植物进行搭配，可以实现四季变换的景观效果。

总之，城市道路的植物造景应综合考虑功能性、科学性和美学的要求，以创造既实用又美观的道路环境。

二、城市道路植物造景的设计方式

（一）设立中央隔离带

在城市道路植物造景中，设立中央隔离带是一项重要措施。中央隔离带不仅能保证交通安全，还能起到美化城市环境的作用。

首先，中央隔离带能够有效提高道路交通的安全性。通过在车流之间设置隔离带，可以减少车辆之间的相互干扰，降低交通事故的发生概率。特别是在高速公路和城市主干道上，中央隔离带的作用尤为明显。同时，隔离带的设计应考虑紧急情况下的车辆穿越需求，设置便于车辆临时穿越的出口，以保证交通安全。

其次，中央隔离带也是城市道路绿化的重要组成部分。在中央隔离带上种植植物，既能美化城市环境，提高城市绿化覆盖率，又能起到净化空气、降噪减尘的作用。应选择具有较强抗逆性、生长迅速、维护成本低的植物种类。

最后，考虑到行车视线需求，中央隔离带植物的配置应避免出现遮挡司机视线的情况。中央隔离带的设计还应注重与周边环境的协调。在不同的路段，设计者应根据周边建筑物、地形等因素，采用不同的设计手法和植物配置方法，以使中央隔离带与周边环境和谐、统一。

（二）林荫行道树设计

林荫行道树设计是城市道路植物造景中的重要组成部分。林荫行道树不仅能遮阴，还能美化城市环境，提高城市绿化水平。

首先，在林荫行道树的设计中，设计者应选择适合当地气候、土壤等生长条件的树种。这些树种应具有生长迅速、抗病虫害、耐修剪等特点。同时，还要考虑到行人的需求，如选择树冠饱满的树种，以为行人提供充足的阴凉。

其次，林荫行道树设计应注重树种的多样性和生态平衡。合理搭配不同树种，有助于形成丰富的植物层次和色彩变化，提高道路绿化景观的观赏价值。同时，还要注意树木之间的间距和行道树的排列方式，以保证树木之间的良性竞争，保证植物健康生长。

最后，林荫行道树设计还应考虑城市道路的功能需求。在设计中，设计者要充分考虑行道树的根系发展和冠幅扩展对道路、人行道和排水系统的影响，避免树木生长对城市基础设施造成损害。同时，还要注意安全问题，避免树木因风力等原因给行人、车辆和建筑物带来安全隐患。

（三）行道树绿带设计

行道树绿带设计是城市道路植物造景的重要组成部分。行道树绿带不仅能美化城市环境，还具有提供阴凉、净化空气、减少噪声等多种生态功能。在设计行道树绿带时，设计者应充分考虑其交通功能、形态特征、生态效益、文化内涵等多方面因素，以达到最佳的景观效果。

首先，行道树绿带的设计应充分考虑其交通功能，如行人通行、车辆行驶、城市交通等，合理规划行道树绿带的宽度和位置，确保交通安全、顺畅。

其次，应考虑行道树的形态特征，如树冠形状、树干粗细、树叶颜色等，选择与道路环境相协调的树种，起到美化城市环境的作用。此外，行道树绿带的设计还应考虑其生态效益，如选择具有净化空气、减少噪声、保持水土、调节气候等功能的树种。

最后，应充分考虑城市生态环境的特点，如土壤条件、水分条件等，选择适应当地环境的树种，保证行道树绿带的稳定性。另外，行道树绿带的设计还应考虑其文化内涵，选择具有地方特色、历史意义、文化价值的树种，以展示城市的文化底蕴和独特魅力。同时，应注重对行道树绿带的养护和管理，确保行道树绿带保持良好的景观效果。

（四）合理进行乔木选择

1.地被植物

地被植物在城市道路植物造景中扮演着重要的角色，它不仅能美化环境，还能起到保护土壤、减少水土流失的作用。在选择地被植物时，设计者应充分考虑其适应性、生长速度、耐修剪性、抗病虫害能力、绿期等因素。

植物造景中常用的地被植物包括：

（1）绿绒草

绿绒草耐修剪，生长速度快，绿期长，可用于道路两侧的绿化带。

（2）金娃娃萱草

金娃娃萱草耐寒、耐热，抗病虫害能力强，生长速度适中，可用于公园和广场等地。

（3）麦冬

麦冬耐阴，生长速度慢，绿期长，可用于阴凉地带。

2.草本花卉

草本花卉是城市道路植物造景中不可或缺的元素，能增强道路的观赏性，提升城市的美誉度。在选择草本花卉时，设计者应考虑其花期、花色、花型、耐寒耐热性、抗病虫害能力等因素。

植物造景中常用的草本花卉包括：

（1）八宝景天

八宝景天花期长，花色丰富，耐寒耐热，可用于道路中间的花坛。

（2）鸢尾

鸢尾花色艳丽，花型独特，耐阴，可用于道路两侧的绿化带。

（3）紫花地丁

紫花地丁生长速度快，花期长，花色鲜艳，可用于公园和广场等地。

在选择地被植物和草本花卉时，设计者还需要注意其与周围环境的协调性，确保整体景观和谐、统一。同时，要充分考虑植物的生态习性，确保其能在所选地区健康生长。

三、城市道路绿化植物养护管理

（一）加深对绿化植物养护管理的认知

城市道路绿化植物养护管理是城市绿化工作中的重要环节，对于提高城市环境质量、美化城市景观、净化空气、减少噪声等具有重要意义。为了保证绿化植物的健康生长，提高绿化效果，相关人员需要加深对绿化植物养护管理的认知。

第一，相关人员要了解绿化植物的生长习性和需求。不同的植物种类对光照、水分、养分、温度等环境因素的要求不同。因此，在进行绿化植物养护管理时，相关人员要根据植物的特性进行针对性的养护。例如，对于喜光植物，应选择阳光充足的地方进行种植，保证其充分接受光照；对于喜阴植物，则应选择半阴或阴凉的地方进行种植。

第二，相关人员要掌握绿化植物的病虫害防治方法。绿化植物在生长过程中容易受到病虫害的侵扰，相关人员要及时发现问题并采取有效的防治措施。对于常见的病虫害，相关人员要了解其发生规律和特征，以便及时进行防治。同时，要尽量选择环保、安全的防治方法，避免对环境和人体造成伤害。

第三，相关人员要重视对绿化植物的修剪和整形。修剪和整形可以促进植物健康生长，提高绿化效果。例如，修剪可以去除病弱枝，促进植物生长；整形可以使植物更美观，提升其观赏价值。对于不同的植物，相关人员要掌握合适的修剪和整形方法。

第四，相关人员要注重对绿化植物的施肥和浇水。施肥可以为植物提供必要的养分，促进其生长；浇水可以保证植物充分吸收水分，维持其生命活动。在进行施肥和浇水时，相关人员要根据植物的需求和天气条件，合理控制施肥量和浇水量，避免过量或不足。

相关人员加深对绿化植物养护管理的科学认知，对提高城市绿化效果、打造美丽宜居的城市环境具有重要意义。相关人员要不断学习和掌握绿化植物养护管理的科学知识，提高养护管理水平和质量。

（二）优化绿化植物养护管理流程

城市道路绿化植物的养护管理流程直接关系到绿化效果和投资效益。为了提高养护效率，确保绿化植物健康成长，相关人员要不断优化养护管理流程。

第一，应制订科学的养护计划。具体来说，相关人员要根据当地气候条件、土壤特性、植物种类等因素，制订详细的养护计划，明确养护时间节点、养护内容和养护方法。例如，春季可重点关注植物的修剪、施肥和浇水；夏季需加强病虫害防治，关注植物对水分的需求；秋季注重植物的修剪和防寒；冬季则要做好植物的防寒保暖工作。

第二，要提高养护人员的专业素质。养护人员应掌握一定的植物学知识，了解不同植物的生长习性和养护要点，能正确识别和处理常见的植物病虫害。此外，养护人员还应掌握一定的修剪、施肥、浇水等实际操作技能，确保养护工作的质量。

第三，应加大对养护设备的投入。使用现代化的养护设备可以提高养护效率，减轻养护人员的工作负担。例如，使用修剪机、喷雾器、割草机等设备，可以提高养护效率。

第四，要建立完善的养护管理制度。包括制定养护质量标准、养护工作考核制度、养护责任制度等，确保养护工作规范化、制度化。

（三）提高植物的灾害预防能力

城市道路绿化植物面临的灾害有很多，如病虫害、干旱、寒冷等。为了保证绿化植物健康成长，相关人员需要采取有效措施，以提高植物的灾害预防能力。

1.应加强植物病虫害的防治

具体做法包括定期对植物进行检查，发现病虫害及时处理，避免病虫害的蔓延。同时，应采取生物防治和化学防治相结合的方法，减少化学农药的使用，降低对环境的影响。

2.提高植物的抗旱、抗寒能力

可以选择抗性较强的植物种类，进行合理的修剪，以提高植物的抗旱、抗寒能力。此外，还应在干旱和寒冷季节来临前，采取浇水、施肥、覆盖等措施，帮助植物抗旱、抗寒。

3.要加强植物的养分管理

合理的施肥可以提高植物的抗逆性，降低病虫害的发生概率。需要注意的是，相关人员应根据植物的生长发育需求和土壤状况，科学施肥，避免过量施肥导致的环境污染问题。

4.要定期对植物进行检查和维护

具体做法包括修剪枯枝败叶，清理植物周围的杂草和杂物，以使植物的生长环境保持整洁。同时，应定期对植物的健康状况进行监测，发现问题应及时处理，确保植物健康成长。

（四）掌握道路草坪养护技术

道路草坪作为城市绿化的重要组成部分，不仅有助于美化城市环境，还有助于塑造城市形象。为了确保道路草坪健康生长，保持其观赏性，相关人员必须对道路草坪进行科学、系统的养护，因此其应掌握道路草坪养护技术。

首先，定期修剪是保持草坪整洁、美观的关键措施。修剪应遵循 1/3 规则，即每次修剪时剪去的长度不应超过草坪叶片高度的 1/3。修剪后的草坪应立即清理，将剪下的草叶收集起来，避免影响草坪的美观性或影响草坪生长。

其次，合理灌溉对于草坪健康生长至关重要。相关人员应根据当地气候条件和土壤类型制订灌溉计划。早晨和傍晚是最佳的浇水时间，避免在烈日下浇水，以防草坪表面出现斑点。根据草坪的生长状况和土壤测试结果，合理施用肥料。应根据草坪的具体需求来确定肥料的种类和用量，避免过量施肥导致肥害。

最后，病虫害是草坪的大敌，应定期检查草坪，一旦发现病虫害应立即采取措施。针对不同类型的病虫害，选择合适的防治方法，尽量采用生物防治手段和物理防治手段，少用化学农药。同时，相关人员要及时清除草坪中的杂草，避免其与草坪植物竞争养分。可人工拔除，也可使用对草坪安全的除草剂。定期对草坪进行深翻和松土，促进土壤空气流通，有助于草坪草根系生长和草坪健康。对于因施工、车辆碾压等原因受损的草坪，应及时采取移植草皮或播种的方式对其进行修复。

第五节 城市广场植物造景

随着城市化进程的加速，城市广场作为城市居民休闲娱乐、社交互动的重要空间，其景观设计日益受到人们的重视。其中，植物造景作为城市广场景观设计的重要组成部分，不仅能为城市增添绿色生态气息，还能有效改善城市微气候，提高居民的生活质量。城市广场植物造景旨在通过合理的植物配置、布局与养护，营造出既有艺术美感又具生态功能的绿色空间。

简单来说，城市广场可分为商业广场、交通广场、文化广场和园林广场，每种类型的城市广场对植物造景的要求不同。

商业广场是城市广场中最具活力的组成部分，其主要功能是为市民提供一个集购物、休闲、娱乐为一体的公共空间。商业广场通常位于城市的繁华地段，拥有大型购物中心、餐饮店、电影院等商业设施。在设计上，商业广场注重人流动线的合理规划，以及提供舒适的购物环境和休闲空间。在植物景观设计方面，商业广场通常是观赏性植物和喷泉、雕塑等艺术元素相结合，营造出繁华且与自然景观相结合的效果。

交通广场是城市广场的重要组成部分，其主要功能是缓解城市交通压力，提高交通效率。交通广场通常位于城市的主要交通枢纽，如地铁站、公交站附近，拥有宽敞的停车场和行人步行区域。在设计上，交通广场注重交通流线的清晰划分，以及提供安全的行人过街设施。在植物景观设计方面，交通广场通常以绿植和花卉进行装饰，营造出简洁、美观的景观效果。

文化广场是城市广场中具有特色的部分，其主要功能是展示城市的文化底蕴，为市民提供一个集文化、艺术、教育为一体的公共空间。文化广场通常位于城市的文化中心，拥有图书馆、博物馆、艺术馆等文化设施。在设计上，文化广场注重空间的开阔性和舒适性，力求提供丰富的文化活动空间。在植物景观设计方面，文化广场通常以合理的植物配置方式突出文化主题和艺术元素，营造出具有特色的文化氛围。

园林广场是城市广场中最具自然特色的部分，其主要功能是为市民提供一个集休闲、观赏、游憩为一体的公共空间。园林广场通常位于城市公园或历史文化街区，拥有大面积的绿地、湖泊等自然景观。在设计上，园林广场注重营造自然景观，提供丰富的休闲活动空间。在植物景观设计方面，园林广场通常是观赏性植物和自然水景相结合，营造出优美的自然景观效果。

总之，设计者不仅要具备深厚的园林艺术功底，还要对城市环境、气候、文化等多方面因素有深入的理解和把握。在当前的城市建设中，绿色生态理念已经深入人心。城市广场作为城市空间的重要组成部分，其植物造景更应充分体现这一理念。选用适应当地气候、土壤条件的植物品种，采取科学的种植技术和养护措施，可以确保植物健康生长，同时降低景观维护成本，实现可持续发展。

一、城市广场植物景观的功能

城市广场是市民休闲娱乐的好去处，为市民提供了一个在快节奏的城市生活中放松身心的空间。城市广场中的绿植和景观设计，不仅美化了城市面貌，还提供了清新的空气和宜人的休憩环境。市民可以在城市广场中散步、观赏植物、休息交流，享受自然带来的宁静。城市广场还常常是举办文化活动和节庆活动的场所，能够丰富人们的文化生活。通过提供这样的社交空间，城市广场对促进市民身心健康和社会和谐发展具有重要意义。

（一）保护环境

城市广场植物景观在保护环境方面发挥着至关重要的作用。首先，植物能够吸收二氧化碳，释放氧气，还可以吸收空气中的有害物质，减少环境污染，有助于提高空气质量。同时，植物的蒸腾作用能够增加空气湿度，降低温度，缓解城市热岛效应。植物景观还有助于降低噪声污染程度。在广场周围种植高大的树木，可以有效隔绝外部噪声，创造一个宁静的休闲环境。此外，植物景观还有助于保护土壤和水资源。植物的根系可以固定土壤，防止水土流失。植物还可以吸收并蓄存水分，减少水资源的浪费。

（二）软化空间

广场植物景观的设计可以软化硬质空间，创造一个更加舒适和宜人的环境。植物可以柔化广场的线条和形状，使空间更加流畅、自然。绿色植物可以缓解人们的视觉疲劳，给人以宁静和放松的感觉。植物还可以为广场提供阴凉，降低地表温度，创造一个凉爽的休闲空间。在炎热的夏季，人们可以在树下休息和娱乐，享受自然的清凉。此外，植物的多样性也可以提升广场的生态价值。不同种类的植物可以吸引不同的昆虫和鸟类，从而创造一个生机勃勃的生态环境，保护生物的多样性，让人们感受到大自然的魅力。

（三）划分空间

广场植物景观可以用来划分空间，创造出不同的功能区域。借助植物进行布局，可以明确地划分出广场的不同区域，如休息区、娱乐区、运动区等。例如，可以利用低矮的植物，如草本植物或灌木，划分出一个休息区，为人们提供一个安静的休息空间；可用高大的树木划分出一个娱乐区，为人们提供阴凉和观赏乐趣。植物还可以作为过渡空间，分隔广场与周边环境。例如，可以在广场与相邻的建筑之间种植一些植物，既能保持广场的开放性，又使广场与周边环境保持一定的距离。通过植物景观的划分，广场的功能更加明确，使用效率也有所提高。

（四）发挥水体的生态功能

城市广场通常包含喷泉、池塘等水体，这些水体不仅美观，还有着重要的生态功能。首先，这些水体可以收集并过滤雨水，减少地表径流，降低城市内涝的风险。雨水通过植物的过滤作用，流入水体时，其中的杂质和有害物质会得到一定程度的净化。水体中的植物，如水草，能吸收水中的营养物质，抑制藻类的过度生长，维持水体的生态平衡，确保水质清洁。此外，城市广场中的水体还可以作为城市的"天然空调"，调节城市气温，为生物提供栖息地，保证城市生物的多样性。

二、城市广场植物造景的原则和方式

（一）城市广场植物造景的原则

1.审美原则

城市广场植物造景应遵循审美原则，注重植物的形态、色彩、质感等方面的搭配，以达到美化环境、提升广场整体美感的效果。

在选择植物种类时，设计者应注意植物的形态特征，如高矮、宽窄、叶形等，通过对比、衬托、协调等设计手法，使植物群落呈现出优美的空间形态。例如，将高大的乔木与低矮的花灌木相结合，可以形成丰富的层次感；将曲线状的绿篱与规则式植物相结合，可以打破空间的单调性。

植物的色彩是城市广场植物造景中不可或缺的元素，设计者应充分考虑植物的叶色、花色、果色等，通过色彩的对比、呼应、渐变等手法，使广场植物景观丰富多彩。例如，春季可选择开紫花的植物，如丁香、紫薇等，营造出浪漫的氛围；夏季可选择开白色、淡黄色花的植物，如茉莉、夜来香等，给人以清新、凉爽的感觉。

植物的质感是影响城市广场植物造景的又一重要因素。设计者应注重植物的质感，通过质感的对比、过渡等手法，使广场植物景观更加生动。例如，将光滑的叶片与粗糙的叶片相结合，可以丰富植物群落的层次；将细小密集的叶片与宽大稀疏的叶片相结合，可以形成更强的视觉冲击力。

在设计广场植物景观时，设计者还应注意植物与广场建筑物、地形、水体等元素的协调关系。例如，高大的乔木可以遮挡阳光，为建筑提供阴凉；低矮的花灌木可以填补空隙，增加地形的变化；在水体周边可以配置水生植物，如荷花、睡莲等，营造出水域景观的氛围。

2.季相原则

这一原则强调的是植物的季节性变化，包括叶色、花色等。植物的季相变化，使得城市广场植物景观在不同的季节呈现出不同的特色。

春季是万物复苏的季节，选择早春开花的植物，如樱花、桃花、迎春花等，可营造出浓郁的春意。此外，可选择一些春季换叶的植物，如红枫、银杏等，其新叶呈现出鲜艳的色彩，也能增添春天的气息。

夏季天气炎热，可以选择一些耐旱的植物，如紫薇、夹竹桃、茉莉等，这些植物的花期较长，能为广场带来持久的美丽。同时，可搭配一些常绿植物，如松树、竹子等，以形成绿荫。

秋季是收获的季节，可选择一些秋季结果的植物，如银杏、枫树等，这些植物的果实和叶子呈现出丰富的色彩变化，能够营造出浓郁的秋意。此外，可选择一些秋季开花的植物，如菊花、紫荆等，使广场景观更加丰富多彩。

冬季植物景观相对单调，可选择一些常绿植物，如松树、柏树等，为广场带来绿色的希望。同时，可搭配一些冬季开花的植物，如蜡梅、茶梅等，它们的芬芳花朵能够为冬季的广场带来生机。进行城市广场植物造景时遵循季相原则，不仅能营造出美丽的植物景观，还能使城市广场景观更加丰富，提升广场的使用价值。

（二）城市广场植物造景的方式

1.因地制宜，合理布局

在城市广场植物造景时，因地制宜、合理布局是至关重要的。

首先，要充分考虑广场的地理位置、气候条件、土壤环境等因素，选择适应当地环境的植物种类。例如，在气候干旱的地区，可选择耐旱的植物，如仙人掌、多肉植物等；在气候湿润的地区，可选择喜水的植物，如水杉、荷花等。

其次，要根据广场的空间结构和功能需求进行合理布局。广场可分为多个功能区，如休闲区、观赏区、互动区等，设计者应在不同的区域选择相应的植物进行搭配，使其形成独特的景观效果。例如，在休闲区，可设置一些座椅，搭配一些低矮的绿植，为人们提供舒适的休息环境；在观赏区，可种植一些乔木和花灌木，打造优美的背景；在互动区，可种植一些互动性强的植物，如在互动式的喷泉附近布置一些花坛等，吸引人们参与其中。

2.主次分明

在城市广场植物造景中，主次分明的布局能够使整个景观更加有序、和谐。首先，要确定主景和配景。主景是整个景观的焦点，配景则是辅助和衬托主景的元素。设计者可选择一些独特的植物，如乔木、花灌木等作为主景，选择一些常见的绿植，如草本植物、地被植物等作为配景。其次，要注重植物在高度、形态、色彩等方面的搭配。合理的植物搭配，有助于形成层次分明、富于变化的景观效果。

3.丰富园林景观

丰富园林景观是提升城市广场植物造景美感的重要手段。

首先，要选择多样化的植物种类，包括乔木、灌木、草本植物等。所选植物在色彩、形态等方面要有差异，以增强景观的丰富性和观赏性。例如，在种植一些常绿植物，如松树、竹子等，保持景观稳定性的同时，可种植一些季节性的植物，如樱花、紫薇、枫树等，使景观呈现出动态变化的效果。

其次，要注重植物的空间搭配和造型设计。可通过修剪、整形等方式，塑造出独特的植物造型，如蘑菇形、塔形等，增强植物景观的趣味性；同时，可利用植物的空间搭配，打造出富于变化的景观效果。

最后，要注重植物与广场其他元素的融合。可将植物与建筑物等元素搭配起来，获得和谐的景观效果。例如，可在广场的入口处种植一些迎宾植物，如紫薇、石榴等。

三、城市广场植物造景的策略

（一）遵循植物生态原则

在城市广场绿化建设中，遵循植物生态原则是确保绿化效果和生态平衡的基础。首先，选择适应当地气候和土壤条件的植物种类是至关重要的，这不仅可以提高植物的成活率，还可以减少后期的维护成本。其次，根据植物的生长习性和需求进行合理的布局和配置，可以形成稳定的生态系统。例如，模拟自然森林的层次结构，可以创造出多样化的生态环境，吸引更多的野生动物。最后，保证植物的多样性和原生性，可以提高生态系统的抗干扰能力，有利于维持生态平衡。

（二）构建优美广场景观

在城市广场绿化建设中，构建优美广场景观对于提升城市形象和满足市民休闲需求具有重要意义。

首先，根据广场的功能和特点进行合理的布局和设计，可以使广场更具特色和吸引力。例如，商业广场可以通过绿树环绕、花坛点缀的布局手法，营造出轻松愉快的氛围；而文化广场则可以融入特色雕塑、水景等元素，营造出浓厚的文化氛围。

其次，注重植物在色彩、形态和质感等方面的搭配，可创造出富有变化和层次感的景观效果。例如，春季可选择开花的植物，如樱花、桃花等，营造浪漫的氛围；夏季可选择高大、浓密的植物，如梧桐、松树等，为市民提供凉爽的休憩场所。

最后，注重广场景观与周围环境的协调和融合，可提升植物景观整体的美观度。

（三）加强人文景观空间的建设

在城市广场绿化建设中，加强人文景观空间的建设有助于提升城市的文化品位，满足市民的精神文化需求。

首先，注重广场的功能性和实用性，满足市民的各种需求。例如，设置休闲座椅、健身器材等设施，为市民提供便利的休闲空间；设置文化墙、雕塑等艺术元素，展示城市的文化底蕴。

其次，注重广场的公共性和互动性，促进人们的交流和互动。例如，组织各类文化活动、节庆活动等，吸引市民参与，增强社区的凝聚力。

最后，注重广场的文化内涵和艺术表现，提高人们的文化素养和审美水平。例如，设置艺术装置，打造独特的夜游景观，营造城市文化氛围。这些措施有助于将城市广场打造成具有人文特色和艺术气息的公共空间，为市民带来愉悦的休闲体验。

第六章　园林植物的生长发育规律

第一节　园林植物的生命周期

当人们漫步于精致的园林，满目翠绿、花香四溢，那些姿态各异的植物仿佛在低语，诉说着它们各自独特的生命故事。从种子萌发、幼苗成长，到枝繁叶茂、花开花落，再到最后的衰老与再生，构成了这些园林植物的一个完整的生命周期。园林植物的生命周期，既反映了植物自身生长、繁衍的必然过程，也是人类与自然互动、和谐共处的生动体现。相关人员了解园林植物的生命周期，不仅能帮助自己更深入地了解这些植物的生长规律和需求，还有助于自己更好地进行园林植物景观设计、养护和管理，让园林更加美丽，促进园林植物的可持续发展。

一、一年生园林植物的生命周期

（一）发芽期

一年生园林植物的生命周期始于发芽期。在这一阶段，种子在适宜的温度、湿度和光照条件下开始发芽。种子在土壤中吸收水分，种皮变软，营养物质逐渐分解，为胚芽提供能量。胚芽逐渐突破种皮，露出地面。在发芽期，植株生长速度较快，根系开始形成。此时，植株对水分和养分的需求较高，养护人员需要保证植株获得充足的水分供应和适宜的土壤肥力。同时，养护人员还要注意病虫害防治，以免妨碍植株正常生长。

（二）幼苗期

幼苗期是一年生园林植物生命周期中的重要阶段。在这一阶段，植株生长逐渐稳定，叶片数量增多，茎干逐渐变粗。此时，植株对光照的需求逐渐增强，养护人员应适当增加植株的光照时间，促进植株光合作用。在幼苗期，植株对水分和养分的需求较高，养护人员需要保持土壤湿润，定期施用适量的肥料。同时，养护人员还要注意病虫害防治，以免影响植株的生长和发育。

（三）营养生长期

营养生长期是一年生园林植物生命周期中的关键阶段。在这一阶段，植株生长迅速，叶片数量达到最多，茎干进一步增粗。此时，植株对光照和养分的需求更加旺盛，养护人员应保证植株获得充足的光照，适当增加施肥量。在植株的营养生长期，养护人员要注意调整水分供应，避免水分过多导致植株发生根系病害，同时也要防止因水分不足影响植株的正常生长。此外，养护人员还要注意虫害防治，特别要注意对食叶害虫的防治，避免其给植株带来严重的损害。

（四）开花结果期

开花结果期是一年生园林植物生命周期的最后阶段。在这一阶段，植株开始开花，花朵数量众多，色彩鲜艳。随后，花朵逐渐凋谢，植株开始结果。此时，植株对养分的需求较高，养护人员应适当增加施肥量，以保证植株获得足够的养分。在开花结果期，养护人员要注意调整水分供应，保持土壤湿润，同时也要防止水分过多导致植株产生根系病害。此外，养护人员还要注意虫害防治，特别要注意对果实害虫的防治，避免其给植物的果实带来损害。

二、二年生园林植物的生命周期

（一）营养生长阶段

二年生园林植物的营养生长阶段，主要是指从种子发芽到植株达到开花年龄的生长过程。在这一阶段，植株主要通过根系吸收土壤中的水分和养分，借助茎、叶等营养器官实现生长和发育，积累足够的营养物质，为后续的生殖生长打下基础。

在营养生长阶段，园林植物的生长表现具有明显的季节性。春季，随着气温的升高和光照时间的延长，植株开始萌芽，生长速度加快。此时，养护人员需要注意及时给植株浇水、施肥，以满足植株对水分和养分的需求。夏季，植株生长进入旺盛期，此时，养护人员应适当增加浇水量和施肥次数，同时注意对病虫害的防治。秋季，植株生长速度逐渐减慢，养护人员应减少浇水量和施肥次数，以促进植株体内养分的积累。冬季，植株进入休眠期，生长几乎停止，此时，养护人员应注意植株的防寒保暖，防止植株受到冻害。

园林植物在营养生长阶段，其形态结构也会发生显著变化。种子在适宜的条件下发芽，发育成幼苗。幼苗经过一段时间的生长，逐渐形成稳定的株型。茎的生长使植株高度增加，叶片的生长使植株叶面积扩大，从而提高光合作用的效率。此时，植株的根系也逐渐发达，能够吸收更多的水分和养分，从而为自身的生长提供保障。

（二）生殖生长阶段

二年生园林植物的生殖生长阶段，是指植株从达到开花年龄到开花、结果、种子成熟的过程。在这一阶段，植株的生长重心由营养器官转向生殖器官，植株的生长发育逐渐趋于成熟。在生殖生长阶段，植株的开花和结果是重要环节。

开花前，植株需要积累一定数量的花芽，花芽分化形成花蕾。随着花蕾的发育，植株逐渐进入开花期。在开花期，植株通过花粉传播实现授粉，进而形成果实。果实成熟后，内部种子开始发育，植株的生殖过程完成。在生殖生长阶段，植株对环境条件的要求较高。适宜的温度、光照和水分条件，有利于植株开花、结果。此时，养护人员应关注植株的生长状况，及时采取浇水、施肥等措施，以满足植株生殖生长的需求。同时，养护人员还要注意病虫害防治，以免影响植株的生殖生长效果。

在二年生园林植物的生命周期中，营养生长阶段和生殖生长阶段是两个重要的生长阶段。养护人员只有了解和掌握了植物在这两个阶段的生长特点和生长需求，才能更好地帮助其生长和发育，进而提高园林景观的效果。

三、多年生园林植物的生命周期

（一）多年生木本植物

根据繁殖方式的不同，多年生木本植物可以分为实生树和营养繁殖树两种类型。

1.实生树

实生树是指通过种子进行繁殖的多年生木本植物。这类植物的生命周期始于种子的形成和散布。在种子形成过程中，植物通过有性生殖的方式繁衍后代，保证了基因的多样性和适应性。种子经过散布，在适宜的条件下会发芽，成长为新的个体。实生树的生命周期包括种子发芽、幼苗生长、成熟植株的发育及衰老死亡等阶段。

在上述过程中，植物会不断地进行光合作用，吸收二氧化碳，释放氧气，为生态系统和人类生活提供资源。实生树的生长周期较长，有的可以达到数十年甚至上百年，这一特点也使得实生树在园林植物中占有重要地位，成了城市绿化和生态环境建设的重要资源。

2.营养繁殖树

营养繁殖树是指通过根、茎、叶等营养器官进行繁殖的多年生木本植物。与实生树相比，营养繁殖树的繁殖过程不涉及有性生殖，因此其后代在基因上与母体较为相似，遗传稳定性很强。营养繁殖树的繁殖方式包括根茎繁殖、分株繁殖、插条繁殖等。这些繁殖方式使得营养繁殖树能快速地扩大种群规模，适应各种环境条件，生存竞争力较强。与实生树类似，营养繁殖树的生命周期也包括种子发芽、幼苗生长、成熟植株的发育及衰老死亡等阶段。但由于繁殖方式与实生树不同，营养繁殖树的生命周期相对较短，一般为几十年。

多年生木本植物通过实生和营养繁殖两种方式延续生命，为生态环境建设和人类生活提供了宝贵的资源。了解和研究多年生木本植物的生命周期，对于园林绿化、生态环境建设和植物资源保护具有重要意义。

（二）多年生草本植物

多年生草本植物是指在园林中常见的、生命周期超过两年的草本植物。这类植物通常在第一年通过根、茎等营养器官建立良好的生长基础，在接下来的年份里开花结果，繁衍后代，直至生命周期结束。多年生草本植物在生命周期的早期主要进行营养生长，即根、茎、叶的生长，到了生命周期的中后期，则侧重生殖生长，即花、果实和种子的形成。

多年生草本植物的生命周期可分为三个阶段：生长期、开花期和休眠期。生长期是植物生长最快的阶段，开花期是植物进行繁殖的阶段，休眠期则是植物为了适应不良环境而减缓生长或停止生长的阶段。在多年生草本植物的生长期，养护人员需要保证其获得充足的水分和肥料，让其健康生长。在开花期，养护人员要注意及时修剪残花，以促进植物继续开花，提升种子的成熟度。在休眠期，养护人员应减少浇水，防止植物烂根，同时要进行适当修剪，以保持植物形态美观。

多年生草本植物在园林景观中应用广泛，既能美化环境，也能提供一定的生态服务，如保持土壤水分、净化空气等。常见的多年生草本植物有菊花、紫花地丁、金盏花等。

第二节　园林植物的年生长周期

随着四季的更迭，园林植物也经历着年复一年的生长与变化。从春日的嫩绿新芽，到夏日的繁花似锦，再到秋日的金黄满地，最后迎来冬日的沉寂与休眠，这一过程构成了园林植物独特的年生长周期。在这个周期中，每一株植物都以其独特的方式展示着生命的韵律和自然的魅力。春天，它们破土而出，为大地披上新的绿装；夏天，它们枝繁叶茂，繁花盛开，成为园林中最美的风景；秋天，它们逐渐变色，果实累累，诉说着丰收的喜悦；冬天，它们虽然暂时休眠，却积蓄着力量，等待着下一个春天的到来。

一、植物年生长周期中的个体发育阶段

（一）春化阶段

春化阶段是园林植物年生长周期中的第一个阶段，主要是指植物从冬季的休眠状态逐渐恢复生长活动的过程。在这一阶段，植物吸收土壤中的水分和养分，进行新陈代谢，逐渐解除休眠状态。春化阶段的关键因素是温度，当温度逐渐回升，植物的生理活动也开始逐渐活跃。在这一阶段，植物生长速度较慢，主要是进行营养物质的积累和生长点的准备。

（二）光照阶段

光照阶段是园林植物年生长周期中的第二个阶段，主要是指在春季光照逐渐增强的条件下，植物开始快速生长的过程。随着光照的增强，植物的光合作用也不断增强，植物获得充足的能量，得以快速生长。在这一阶段，植物的茎、叶、花等器官开始迅速生长。此外，光照阶段也是植物开花和结果的重要时期，对于植物的繁殖具有重要意义。

（三）其他阶段

除了春化阶段和光照阶段，园林植物的年生长周期还包括其他阶段。例如，生长旺盛阶段、生长缓慢阶段和休眠阶段等。生长旺盛阶段是指植物在适宜的光照和温度条件下，生长速度达到最高峰的时期。在这一阶段，植物的茎、叶、花等器官迅速生长，体积和高度也迅速增加。生长缓慢阶段是指植物在高温或干旱等不利条件下，生长速度开始减缓的时期。在这一阶段，植物会逐渐进入半休眠状态，以适应不良的环境条件。休眠阶段是指植物在气温较低、光照不足的条件下，进入休眠状态的时期。在这一阶段，植物的生长活动几乎停止，以抵御寒冷的侵袭。

二、植物物候的形成与变化规律

（一）植物物候的形成规律

物候是指植物在一年四季的生长、发育、繁殖等生命活动中，由于受温度、光照、水分、土壤等条件的影响而形成的周期性、季节性的现象。

温度是影响园林植物物候的主要因素之一。不同的植物对温度的要求不同。温度适宜时，植物的生长、发育、繁殖等生命活动就会顺利进行，从而形成良好的物候现象。

光照对园林植物物候的形成也有重要影响。光照充足时，植物的光合作用强，生长发育好，物候现象明显。

水分是园林植物进行生命活动的基础，适量的水分供应有利于植物的生长发育和物候现象的形成。

土壤的肥力、质地、结构等对园林植物物候的形成也有影响。根据园林植物物候的形成规律选择适宜的种植时间，有利于植物生长发育，提高园林植物的成活率。

根据园林植物的物候形成规律合理调整植物的配置，可以使园林景观更加丰富多彩。养护人员只有了解了园林植物的物候形成规律，才能有效预防病虫害，从而保证园林植物的健康生长。根据园林植物的物候形成规律进行科学合理的施肥，有利于植物的生长发育，提升园林植物的观赏价值。

（二）植物物候变化规律

植物物候变化是自然界季节性变化的重要表现，是植物对温度、光照、水分等条件的周期性变化的一种响应。植物物候变化呈现出明显的周期性，与地球绕太阳公转的周期相呼应，即一年四季的周期性变化。春季，随着温度的升高和光照时间的延长，植物开始萌动、展叶；夏季，植物生长旺盛，开花结果；秋季，气温下降，植物开始落叶，进入休眠期；冬季，植物进入深度休眠，部分植物会出现冬芽。

不同地区的植物物候期存在显著差异。一般来说，纬度越低，物候期越早；纬度越高，物候期越晚。由于植物种类繁多，不同植物的生物学特性各异，其物候变化也呈现出多样性。

前文提及，植物物候变化受多种因素影响，主要包括温度、光照、水分等。其中，温度是最主要的因素，因为温度直接影响酶的活性，进而影响植物的生理活动。例如，在春季，达到一定气温时，植物中的淀粉开始转化为可溶性糖，从而促进植物萌芽。由于气候变化、人类活动等因素的影响，植物物候变化也呈现出一定的年际波动。例如，全球变暖导致的温度上升可能会使植物物候期提前。

植物物候变化的一般规律是自然界季节性变化和植物生物学特性的综合反映，对人们研究气候变化、生态系统服务等具有重要意义。

三、植物的主要物候期

（一）落叶植物的主要物候期

1.萌芽期

落叶植物的萌芽期通常在春季。随着气温的逐渐升高，植物便从休眠状态中苏醒，开始进入萌芽期。在这一阶段，植物的芽开始发育，逐渐突破树皮，形成新的枝条和叶子。这些新生的枝条和叶子充满了生命力，它们逐渐成长，为植物的生长和发育打下坚实的基础。萌芽期是植物生命周期中的一个重要转折点，标志着植物生长的新开始。落叶植物的萌芽期是一个物候期，它的到来预示着春天的到来和大自然的复苏，也意味着植物开始进入生长期。

2.生长期

生长期是落叶植物一年中最重要的阶段之一。在萌芽期之后，植物的枝条开始逐渐伸长，叶片也开始展开，此时植物进入了生长期。在这一阶段，植物会进行光合作用，快速积累养分，壮大枝叶，为后续的落叶期做好准备。在生长期，落叶植物的叶色会逐渐变得翠绿，生机勃勃。这是由于植物在这一阶段会大量吸收土壤中的水分和养分，通过光合作用将这些养分转化为自身生长所需的物质。

随着植物的生长，枝条会变得更加粗壮，叶子也会变得更加茂密。在生长期内，养护人员需要密切关注植物的生长状况，及时进行修剪、施肥等管理工作，以确保植物的健康生长。同时，养护人员也需要注意预防病虫害的发生，采取相应的防治措施，使植物免受病虫害的侵害。

生长期是落叶植物生长的关键时期，对于植物的健康生长和后续的落叶期都有着重要的影响。因此，在落叶植物的生长期内，养护人员需要给予植物充分的关注，科学地进行管理，确保植物茁壮成长。

3.落叶期

随着秋季的到来，气温逐渐下降，植物进入落叶期。在这一阶段，植物停止生长，叶子中的养分开始向树干和根部输送，准备过冬。随着养分输送的完成，植物的叶子逐渐变黄，最终脱落。落叶期是落叶植物的一个重要物候期，它使得树木能够在寒冷的冬季减少水分蒸发，避免冻伤，更好地度过休眠期。落叶期的开始和结束时间因地区和植物种类而异，通常在每年的9月至11月。在这个时期，植物的光合作用会逐渐减弱，同时植物会将养分储存到树干和根部，以供冬季使用。植物的落叶期可以分为以下几个阶段：

第一，养分输送阶段。在这一阶段，植物停止生长，叶子中的养分开始向树干和根部输送。

第二，叶子变色阶段。在这一阶段，随着养分输送的完成，植物叶子中的叶绿素逐渐分解，其他色素（如类胡萝卜素等）显现出来，使叶子呈现出黄色。

第三，叶子脱落阶段。在这一阶段，植物的叶子逐渐干燥，最终从树枝上脱落。

落叶期的长度和落叶的速度也因植物种类而异。例如，橡树、枫树和桦树等，其叶子会先变黄然后脱落；而杨树、柳树等，其叶子则会先变黄但不脱落，直到冬季到来才一次性脱落。

4.休眠期

休眠期也是落叶植物生命周期中的重要阶段之一。在这一时期，植物的主要特征是生长活动的显著减少甚至停止。通常，随着气温下降，当温度降至植物所能够承受的最低温度以下时，植物的休眠期便开始了。在休眠期间，植物的新陈代谢速度放慢，这是植物为了节省能量以度过不利于生长的冬季环境而进化出的一种生存技能。由于生长活动减少，植物在休眠期间几乎不进行任何新的细胞分裂，这意味着它们的体积和形态不会有显著的变化。

许多落叶植物会在秋季先失去叶子，这是为了减少水分蒸发，保护植物免受严寒的伤害。虽然在这一时期植物的生长几乎停止，但在其枝条的特定部位，芽眼仍然存在，等待适宜的气候条件以便再次发育。为了抵御寒冷，一些落叶植物在休眠期间会增厚树皮，形成额外的保护层。

休眠期对于落叶植物来说是至关重要的，它使得植物能够在冬季生存，并在春季气温回升时迅速恢复生长。落叶植物进入休眠状态有助于降低因低温而造成的冻害风险，待更适宜生长的季节再次焕发活力。

（二）常绿植物的年生长周期

常绿植物，顾名思义，是指那些全年保持绿叶的植物。它们通常在春季开始生长新叶，在整个生长季节内，其叶色鲜绿，树冠繁茂。

春季是常绿植物生长的关键时期。在这一阶段，植物开始从休眠状态中苏醒，养分开始从根输送到茎、叶。此时，植物会萌发新的芽和叶，叶色逐渐由淡变浓，树冠逐渐丰满。随着气温的升高，常绿植物进入生长期。在这一阶段，植物的新叶逐渐展开，光合作用不断增强，生长速度加快。此时，植物呈现树冠茂密、绿叶满枝的状态。常绿植物的开花期通常在夏季。在这一阶段，植物会开花结果且花色多样，有红、黄、白等。开花后，植物的果实逐渐成熟，为鸟类和其他动物提供食物。秋季是常绿植物换叶的关键时期。在这一阶段，植物会逐渐停止生长，养分回流到根部。此时，植物的叶逐渐变黄并最终脱落，为来年的生长腾出空间。随着气温的降低，常绿植物进入休眠期。在这一阶段，植物的新陈代谢减缓，生长速度放慢。此时，植物的叶色逐渐变淡，树冠逐渐变得稀疏。

总的来说，常绿植物的年生长周期是一个连续的过程，从春季的萌芽期、生长期，到夏季的开花期、秋季的换叶期，再到冬季的休眠期，每个阶段都有其特点。养护人员只有了解了常绿植物的年生长周期，才能更好地进行园林植物的养护和管理工作。

第三节　园林植物的生殖生长

一、园林植物的花芽分化

花芽分化是指植物从营养生长阶段向生殖生长阶段转变的过程。这个过程包括花芽的形成、分化和成熟。花芽分化是园林植物生殖生长的关键步骤，直接关系到植物的开花质量和果实产量。通过了解和掌握花芽分化的过程，园林工作者可采取适当的栽培、管理措施，如修剪、施肥、调节水分等，以促进植物的花芽分化，从而使其达到理想的观赏效果。

（一）花芽分化的过程

1.生理分化期

生理分化期是花芽分化过程中的第一个阶段，其主要特点是细胞分裂和生长速度的减缓，同时伴随着花芽形态结构的建立和花器官的形成。在生理分化期，原本快速分裂和生长的细胞开始减缓分裂速度和生长速度，这是为了保证细胞在后续的花芽发育过程中能够进行有序分化。随着细胞分裂和生长速度的减缓，花芽开始呈现出明显的形态结构，如萼片、花瓣、雄蕊和雌蕊等。形态结构的建立为后续的花朵开放和繁殖过程奠定了基础。

在生理分化期，花器官开始形成并逐渐成熟。例如，雄蕊的形成包括花药和花丝的形成，雌蕊的形成包括子房、花柱和柱头的形成。这些花器官的形成和成熟为植物的繁殖提供了必要的条件。

生理分化期是花芽分化过程中的关键阶段，为花芽的进一步发育和成熟提供了基础和保障。在这一过程中，植物的基因表达水平和激素水平会发生显著变化，能够调控花芽的分化和发育。

2.形态分化期

（1）分化初期

在形态分化的初期，花芽从生长点开始分化，此时细胞分裂活动加强，细胞数量逐渐增多。在这一阶段，花芽内部开始形成一些基本的结构，如萼片、花瓣、雄蕊和雌蕊的原始细胞。这些原始细胞在分化初期并没有明显的形态特征，但它们已经具备了分化为相应组织的潜能。

（2）萼片形成期

随着分化的进行，花芽内部开始出现萼片原基，这是萼片形成的初期阶段。在这一阶段，萼片原基逐渐增大，并形成萼片的初生结构。萼片是花的保护结构，它的形成对花的发育具有重要意义。

（3）花瓣形成期

在花瓣形成期，花芽内部的细胞开始分化为花瓣原基。花瓣原基在分化过程中逐渐增大，逐渐形成花瓣的初生结构。花瓣是花的主要观赏部分，其颜色、形状和大小等特征对于吸引传粉者具有重要作用。

（4）雄蕊形成期

在雄蕊形成期，花芽内部的细胞开始分化为雄蕊原基。雄蕊原基逐渐增大，并形成雄蕊的初生结构。雄蕊是花的雄性生殖器官，包括花药和花丝，其形成对于花的繁殖具有关键作用。

（5）雌蕊形成期

在雌蕊形成期，花芽内部的细胞开始分化为雌蕊原基。雌蕊原基逐渐增大，并形成雌蕊的初生结构。雌蕊是花的雌性生殖器官，包括子房、花柱和柱头，其形成对于花的繁殖至关重要。

3.性细胞形成期

花芽分化过程中的性细胞形成期是一个关键阶段，它直接关系到后续的花粉母细胞和胚囊母细胞的形成。在这一阶段，原始生殖细胞会经历一系列的细胞分裂和成熟过程，最终形成具有生殖潜能的细胞。

首先，在花蕾发育的早期，原始生殖细胞会经历有丝分裂，在数量上进行增殖。随后，这些细胞会进入减数分裂阶段，形成初级生殖细胞。初级生殖细胞经过一次减数分裂，产生二级生殖细胞。这些二级生殖细胞再次进行减数分裂，最终形成花粉母细胞和胚囊母细胞。在性细胞形成期，不仅细胞的数量在增加，细胞的质量也在发生变化。细胞内部的染色体数量在减数分裂过程中减半，为后续的受精做准备。此外，细胞内部的细胞器，如线粒体、高尔基体等，也在这一阶段进行重组和适应，以满足生殖细胞特有的对能量和物质的需求。

值得注意的是，花芽在性细胞形成期的发育状况，会受到遗传因素、环境因素和植物激素等多种因素的影响。例如，温度、光照、水分等的变化，可能影响花芽分化过程中性细胞的形成和质量。而植物激素，如细胞分裂素、生长素等，则在调节细胞周期、促进细胞分裂和成熟等方面发挥着关键作用。

（二）花芽分化的类型

1.夏秋分化类型

夏秋分化类型的园林植物主要在夏季和秋季进行花芽分化，这类植物的花芽分化通常受到温度和光照的影响。在夏季和秋季，气温适宜，光照充足，有利于植物的生长和花芽分化。夏秋分化类型的植物通常在次年的春季开花，是园林中一道亮丽的风景线。

2.冬春分化类型

冬春分化类型的园林植物主要在冬季和春季进行花芽分化，这类植物的花芽分化也会受到温度和光照的影响。在冬季和春季，气温逐渐回暖，光照逐渐增强，有利于植物的生长和花芽分化。冬春分化类型的植物通常在当年的夏季或秋季开花，为园林景观带来了四季分明的观赏效果。

3.当年一次分化的开花类型

当年一次分化的开花类型的园林植物只在当年的特定季节进行一次花芽分化。这类植物的花芽分化通常受到温度、光照和水分等因素的影响。在分化期，植物生长旺盛，花芽分化数量多，开花繁茂。当年一次分化的开花类型植物通常在分化后的几个月内开花，是园林中一年一度的视觉盛宴。

4.多次分化类型

多次分化类型的园林植物可以在一年内的多个季节进行多次花芽分化，如茉莉、月季等，这类植物的花芽分化也会受到温度、光照和水分等因素的影响。在分化期，植物生长旺盛，花芽分化数量多，开花频繁。多次分化类型的植物为园林带来了四季不断的观赏景观。

5.不定期分化类型

不定期分化类型的园林植物的花芽分化没有固定的时间规律，如凤梨科植物和芭蕉科植物等，这些植物的花芽分化受到环境因素的影响，如温度、光照、水分等。在不定期分化类型的植物中，有些植物在适宜的环境条件下可以随时进行花芽分化，而有些植物则在特定的季节或年份进行花芽分化。不定期分化类型的园林植物为园林景观增添了不确定性和观赏性。

（三）花芽分化的特征

1.长期性

花芽分化是一个长期的过程，开始于植物生长发育的早期阶段，并可能持续到植物的成熟期。花芽分化过程受到遗传因素、环境条件等多种因素的影响，这些因素相互作用，决定了花芽分化的进程和结果。

2.相对集中性和相对稳定性

在植物生长发育周期中，花芽分化具备相对集中性和相对稳定性。相对集中性体现在植物在特定的生长发育阶段内进行花芽分化，而相对稳定性则表现在一旦植物进入花芽分化阶段，其花芽分化的进程和结果通常会保持稳定，不易受到外界环境短期变化的影响。

3.具有临界期

花芽分化的临界期是指植物在生长发育过程中，对环境因素（如温度、光照等）最敏感的时期。在这一时期内，环境因素的变化对花芽分化的影响尤为显著，因此控制好花芽分化的临界期环境条件，对促进或抑制花芽分化具有重要意义。

4.所需时间的差异性

花芽分化所需时间因植物种类、环境条件的不同而存在一定的差异性。一般来说，植物花芽分化所需时间从几周到几个月不等。在适宜的环境条件下，植物可以快速完成花芽分化，而在不利的环境条件下，花芽分化的时间可能会延长。

5.发生的早晚差异性

花芽分化发生的早晚主要受遗传因素和环境条件的影响。例如，一些植物种类天生就早花或晚花；而环境因素，如温度、光照、水分等，也能影响花芽分化的时间。通常，适宜的温度和光照条件可促进花芽的早期分化，而不良的环境条件可能会使花芽分化延迟。

（四）影响花芽分化效果的因素

1.内部因素

（1）花芽形态建成的内在条件

花芽形态建成的内在条件是花芽分化成功的基础，这些条件包括植物激素的平衡、基因表达的调控及代谢物质的供应。植物激素在花芽分化中起着关键作用，其中，生长素、细胞分裂素、赤霉素和脱落酸是最重要的植物激素，它们通过相互作用，影响花芽分化进程。基因表达的调控则决定了植物激素的合成和代谢，进而影响植物花芽分化效果。此外，代谢物质，如糖类、氨基酸等的供应也为植物花芽分化提供了必要的营养物质。

（2）不同器官的相互作用

在植物生长发育过程中，不同器官之间的相互作用对花芽分化具有重要影响。根、茎、叶等器官通过信号传递和代谢物质交换，共同调控花芽分化。例如，植物的根通过合成和运输生长素，影响茎和叶的生长，进而影响植物的花芽分化效果。茎通过运输植物激素和营养物质，调节花芽分化。叶则通过光合作用合成糖类等营养物质，为花芽分化提供物质基础。不同器官间的相互作用，确保了植物生长发育过程的有序性，使花芽分化能够顺利进行。

2.外部因素

（1）光照条件

光照条件是影响园林植物花芽分化效果的关键外部因素之一。光照的强度、质量和持续时间都会对花芽分化的效果产生显著影响。一般来说，光照强度越高，植物花芽分化的速度越快、效果越好。此外，光照质量也会影响植物花芽分化的效果，如蓝光和红光对花芽分化的促进作用更明显。而光照持续时间的长短则会影响植物的生长周期，进而影响花芽分化效果。

（2）温度条件

温度条件是影响园林植物花芽分化效果的另一个重要外部因素。不同植物对温度的要求不同，但一般来说，适宜的温度有利于花芽分化。温度对花芽分化效果的影响主要表现在两个方面：一方面，温度可以影响植物的生理活动，从而影响花芽分化效果；另一方面，温度还会影响病原微生物的生长繁殖，从而间接影响花芽分化效果。

（3）水分条件

水分是园林植物生长必需的要素，同时也是影响植物花芽分化效果的关键因素。水分充足时，植物生长旺盛，有利于花芽分化。但水分不宜过多或过少，过多的水分会导致植物生长过快，抑制花芽分化；过少的水分则会使植物生长受阻，同样影响花芽分化效果。

（4）矿质元素

矿质元素是植物生长发育的基础，对植物化芽分化效果也有重要影响。其中，氮、磷、钾等大量元素，钙、镁、硫等中量元素，铁、锌、铜等微量元素都参与了花芽分化的过程。适宜的矿质元素供应有利于花芽分化，而矿质元素缺乏或过量则会阻碍花芽分化。

光照条件、温度条件、水分条件和矿质元素等都会影响园林植物的花芽分化效果。在实际栽培过程中，养护人员应根据不同植物的生长发育需求，合理调整这些外部因素，以促进植物花芽分化，提升园林植物的观赏价值。

二、园林植物果实的生长发育

（一）坐果

坐果是指植物的花朵经过授粉受精后，雌蕊的子房开始发育并成为果实的过程。坐果成功与否，直接影响到植物的繁殖效果和果实产量。在这一过程中，植物会经历花粉传播、受精、胚珠发育、子房膨胀等多个阶段。

花粉传播是坐果的第一步。花粉从雄蕊花药中散落出来，通过风力、昆虫或其他媒介，被传播到雌蕊的柱头上。花粉与柱头上的黏液结合，形成花粉管，花粉管的生长和延伸是受精的关键。受精是指花粉管中的精子与卵细胞结合，形成受精卵的过程。受精卵发育成胚胎，胚胎是新一代植物的起源。在受精过程中，花粉管还会释放出一些物质，促进子房的发育。接下来，胚珠发育是坐果的重要阶段。受精卵发育成胚胎，同时，胚珠也会发育成种子。种子是植物繁殖的重要工具，也是植物进化过程中的重要产物。子房膨胀是坐果的最后一个阶段。在受精和胚珠发育的过程中，子房开始膨胀，形成果实。果实是植物的一种重要器官，它保护种子，帮助种子传播。

总的来说，坐果是植物繁殖过程中的关键步骤，它涉及花粉传播、受精、胚珠发育、子房膨胀等阶段。了解和掌握坐果的过程，对于提高植物的繁殖效率和果实产量具有重要意义。

（二）落花落果

1.落花落果的原因

植物在生长发育过程中，由于内部激素平衡被打破，如生长素、细胞分裂素、赤霉素等含量发生变化，可能导致部分花果无法正常发育，从而出现落花落果现象。环境因素，如温度、湿度、光照等对植物的生长发育有直接影响。极端的气候条件，如突然的温度变化、干旱或洪涝等，都可能导致植物无法正常生长，进而出现落花落果现象。

植物在生长过程中，如果土壤中缺乏必要的矿质元素，如氮、磷、钾等，其正常生长和果实发育也会受到影响，出现落花落果现象。病虫害是导致植物出现落花落果现象的重要原因之一。病虫害侵袭植物，妨碍其正常生长，影响果实的生长发育，从而导致落花落果。

植物在生长过程中，可能会受到机械损伤，如风力、雨滴等导致的损伤，这些损伤可能会影响植物的生殖生长活动，进而引起落花落果现象。不同的植物品种，生长发育特性也会有所不同，有些品种更容易出现落花落果现象。在栽培管理过程中，修剪、施肥、灌溉等操作不当，也可能导致植物生长发育受阻，引起落花落果现象。

2.防止落花落果的方法

（1）改善园林植物营养状况

改善园林植物营养状况是防止落花落果的重要方法之一。合理的施肥和灌溉可以为植物提供生长所需的各种营养元素，保持土壤肥沃，促进果实的生长发育。此外，中耕除草、松土、修剪等措施也有助于改善植物的营养状况，增强植物的抗病能力，从而减少落花落果现象。

（2）创造良好的授粉条件

授粉是果实发育的关键环节，创造良好的授粉条件可以有效防止落花落果。在园林植物开花期间，为创造良好的授粉条件，养护人员可以采取以下措施：引入蜜蜂等昆虫进行自然授粉；采用人工辅助授粉方式，如使用喷雾器将花粉喷洒在花朵上；合理配置授粉树，选择合适的品种进行搭配，以提高授粉效率。

（3）运用环剥技术和刻伤技术

环剥技术和刻伤技术是园林植物栽培中常用的防止落花落果的技术。环剥技术指的是在树干或枝条上进行环状剥皮操作，宽度约为树干直径的 1/10，剥皮深度达到木质部。环剥技术可以减少植物体中水分和养分的流失，有利于果实的生长发育。刻伤技术指的是在树干或枝条上进行刻伤操作，形成伤痕，促使植物体中的养分和水分在伤口附近积累。刻伤技术有利于果实的生长发育。这两种技术都可以有效减少落花落果，提高果实产量和品质。

（4）生长激素、生长调节剂和矿质元素的应用

生长激素、生长调节剂和矿质元素的应用在园林植物果实生长发育中起着重要作用。生长激素，如赤霉素、细胞分裂素等的应用，可以促进果实发育，增大果实体积，提高果实品质。生长调节剂，如多效唑、乙烯利等的应用，可以调节植物生长，控制营养生长与生殖生长的平衡，减少落花落果。矿质元素，如硼、钙、镁等的应用，对果实生长发育具有重要作用，可以提高果实的品质，增强果实的耐贮性。在园林植物栽培过程中，合理使用生长激素、生长调节剂和矿质元素，可以有效防止落花落果，提高果实产量和质量。

第七章　园林植物病虫草害防治

第一节　植物病虫害的防治原理
及防治技术

一、植物病虫害的防治原理

（一）指导思想

1.保护生态、优化环境

植物病虫害防治的首要原则是保护生态、优化环境。良好的生态环境是保障植物健康生长的基础，也是病虫害防治的根本要求。相关人员应尊重自然规律，维护生态平衡，合理利用自然资源，为植物提供一个健康的生长环境，从而有效减少病虫害的发生。

2.预防为主、综合防治

预防为主、综合防治是植物病虫害防治的核心思想。预防工作要贯穿植物生长的整个过程，相关人员要采取科学合理的种植管理措施，以增强植物的抗病虫害能力。同时，应结合物理防治、生物防治和化学防治等多种手段，实现对植物病虫害的综合防治，确保植物健康生长。

3.科学防控、依法治理

科学防控、依法治理是植物病虫害防治的重要保障。相关人员要依托科学技术，加强病虫害监测预警，准确掌握病虫害发生发展规律，为病虫害防治工作提供科学依据。同时，要依法开展防治工作，严格遵守相关法律法规，规范使用农药和其他防治手段，确保防治工作的合法性和有效性。

4.突出重点、分段治理

病虫害防治工作要突出重点。相关人员要针对不同地区、不同作物和不同病虫害类型，采取有针对性的防治措施。同时，要注重分段治理。在植物生长的不同阶段和病虫害发生的不同时期，相关人员应采取相应的防治策略，以实现防治效果的最优化。

5.属地负责、联防联治

植物病虫害防治工作需要各级政府和相关部门共同参与，实行属地负责制。各级政府和相关部门要制定切实可行的防治方案，加强组织协调，形成合力。同时，各地区之间要加强联防联治，实现信息共享、资源共享和防治经验共享，共同应对病虫害威胁。

（二）基本观点

1.生态调控，绿色防控

生态调控强调通过调节生态环境，创造有利于植物生长而不利于病虫害发生的条件。绿色防控则注重采用环保、安全、高效的防治方法，以减少病虫害防治过程中对环境和生态系统产生的负面影响。

2.科学用药，合理施药

科学用药是植物病虫害防治的关键措施之一。在选择和使用农药时，相关人员应遵循科学的原则，确保农药的有效性和安全性。同时，要根据病虫害的发生情况和防治需要，合理制订施药方案，避免农药的滥用和误用。

3.生物防治，自然调控

生物防治是利用天敌昆虫、微生物等生物因素来控制和消灭病虫害的方法。这种方法具有环保、高效、可持续等优点，对维护生态平衡和促进园林景观可持续发展具有重要意义。

4.物理防治，减少污染

物理防治是利用光、热、电等物理因素来防治病虫害的方法。这种方法具有无污染、无残留的优点，对环境和植物本身无害，是绿色防控的重要手段之一。

5.植物检疫，防止传播

植物检疫是防止病虫害传播和扩散的重要措施。加强植物检疫工作，严格控制病虫害的传入和传出，可以有效遏制病虫害的蔓延。

6.抗病育种，提高抗性

抗病育种是通过遗传育种手段，培育具有抗病虫害能力的植物品种。这种方法可从根本上提高植物的抗病虫害能力，降低病虫害防治工作的难度，减少病虫害防治工作的成本，是植物病虫害防治的长期策略。

二、植物病虫害的防治技术

（一）植物检疫

植物检疫是为了防止植物病虫害的蔓延，对植物及其产品进行严格的检验和监管的过程。植物检疫是植物保护工作中的重要环节，对于维护农业生产和生态环境的安全具有重大意义。植物检疫可以有效控制病虫害的传播，保护我国农业资源的安全、维持生态环境的稳定。简单来说，植物检疫的具体流程如下：

1.报检

相关人员需准备好相关的单证和资料，确保这些单证和资料的真实性和完整性，以便顺利完成检疫流程。之后，将准备好的单证和资料提交给负责植物检疫的机构或部门。

2.检验

植物检疫机构或部门的相关人员通过现场勘查、抽样检测、目视检查、显微镜检查等方式，利用分子生物学、生物化学等领域的先进技术，对植物及其产品进行分子生物学检测，或针对植物病毒进行血清学检测等。

3.检疫处理

根据检验结果，检疫机构或部门给出相应的处理意见，包括放行、销毁、进行进一步处理等。

4.签发证书

确认植物及其产品符合检疫要求，检疫机构或部门会签发检疫证书，允许其进口或调运。

（二）抗病育种

培育具有抗病虫害能力的植物品种，可以显著减少农药的使用量，从而减少对环境的污染，同时促进植物的生长发育。抗病育种还可以提高植物对逆境的适应能力，增强其生态稳定性。

（三）生物防治

生物防治作为一种环保、可持续的病虫害防治方法，得到了广泛的关注和应用。具体做法包括以下几种：

1.以虫治虫

以虫治虫是指以天敌昆虫防治害虫。天敌昆虫能够有效地控制害虫的种群数量，减轻其对植物的危害，同时能在一定程度上避免使用化学农药可能带来的环境污染和生态破坏问题。

天敌昆虫防治害虫的方法主要是利用天敌昆虫，通过捕食、寄生或其他形式对害虫进行自然控制。天敌昆虫的种类繁多，如捕食性天敌昆虫能够直接捕食害虫，减少其数量；而寄生性天敌昆虫则主要是寄生在害虫体内，破坏害虫的生理机能，导致其死亡。

利用天敌昆虫防治害虫时，相关人员首先要充分了解天敌昆虫和害虫的生态习性，选择适合的天敌昆虫种类。同时，要确保天敌昆虫在释放后能够迅速适应环境，并有效地控制害虫。其次，为了提高天敌昆虫的防治效果，相关人员可以通过人工饲养和人工繁殖的方法，增加天敌昆虫的数量。这一方法不仅可以提高防治效果，还可以降低防治成本。最后，为了充分发挥天敌昆虫的作用，相关人员还可以采取一些辅助措施，如改善作物生长环境、提高植物抗虫能力等，以增强作物的抵抗力，减轻害虫的危害。

2.以菌治虫

以菌治虫包括以真菌治虫和以细菌治虫。以真菌治虫主要是利用一些对昆虫具有致病性的真菌，如白僵菌和绿僵菌等，达到消灭害虫的目的。这些真菌能够寄生在害虫体内，破坏害虫的生理机能，导致其死亡。以真菌治虫的优点是对环境友好，且不易使害虫产生抗药性。在实际应用中，相关人员可以将真菌制剂喷洒在植物上，使害虫在接触到真菌后被感染并死亡。

以细菌治虫则是利用一些对害虫具有毒杀作用的细菌，如苏云金杆菌等，达到消灭害虫的目的。这些细菌能够产生对害虫具有特异性的毒素，破坏害虫的消化系统或神经系统，从而达到治虫的目的。与使用化学农药相比，以细菌治虫的方式更为安全，且害虫不易对其产生抗药性。在应用过程中，相关人员可以将细菌制剂与水混合后喷洒在植物上，或者直接将带有细菌的昆虫尸体置于植物周围，使其他害虫被感染并死亡。

3.以病毒治虫

以病毒治虫是指利用对特定害虫具有感染性的病毒来防治这些害虫，这些病毒能够侵入害虫体内并在其体内大量繁殖，最终导致害虫死亡。这种方法具有针对性强、环境污染小的特点，对于一些难以用农药防治的害虫种类尤为有效。

在实际应用中，相关人员首先需要确定目标害虫的种类，并找到能够对其产生感染效果的病毒种类。然后，可以通过一定的技术手段使病毒大量繁殖并制成制剂，将其喷洒或涂抹到植物上。当害虫接触到这些带有病毒的植物时，就会被感染并死亡。

4.以鸟治虫

以鸟治虫指的是利用鸟类捕食害虫的特性进行植物病虫害防治。这种方法既环保又经济，可以有效减少害虫数量，减轻对植物的损害，同时避免农药对环境的污染和对人体健康的潜在威胁。

5.以激素治虫

以激素治虫是植物病虫害生物防治中的一种重要方法，指的是利用昆虫自身的激素调节机制，通过人工合成或提取昆虫激素，达到控制害虫种群数量的目的。

（1）以脑激素治虫

脑激素是昆虫体内的一类重要激素，它在昆虫的生长、发育和繁殖等过程中扮演着重要角色。在治虫方面，相关人员可以研究脑激素的作用机制，开发出能够干扰害虫正常生理功能的脑激素类似物，从而控制害虫种群数量。例如，某些脑激素类似物可以抑制害虫的取食行为，或影响害虫的生殖能力，进而达到防治害虫的效果。

（2）以蜕皮激素治虫

蜕皮激素是在昆虫蜕皮过程中起关键作用的激素。调节昆虫体内蜕皮激素的水平，可以影响昆虫的蜕皮过程和生长发育。在治虫应用中，相关人员可以研发能够干扰害虫蜕皮过程的蜕皮激素类似物，使害虫无法正常蜕皮而死亡。这种方法具有针对性强、效果显著的优点。

（3）以保幼激素治虫

保幼激素是维持昆虫幼虫阶段特征的激素。调控昆虫体内保幼激素的水平，可以延长害虫的幼虫期，使其无法顺利进入成虫阶段，从而达到控制害虫种群数量的目的。保幼激素类似物的应用可以在一定程度上减轻害虫对农作物的危害。

以上这些激素的研究与应用为治虫提供了新的途径和策略。相关人员应深入了解这些激素的作用机制，开发出具有针对性的生物农药，提高治虫效果。

（四）物理防治

1.温度控制病虫害

利用高温或低温杀灭害虫和病菌是植物病虫害物理防治的重要手段之一。例如，高温蒸汽可用于处理土壤和植物种子，杀死潜藏的病菌和虫卵；低温冷冻则可用于处理害虫，使其失去活性。温度控制病虫害的方法对于防治一些难以用化学方法控制的病虫害具有显著效果。

2.光照处理杀菌

通过特定波长的光照处理，可以有效杀灭植物上的病菌。紫外线灯是常用的杀菌灯，它可以破坏病菌的核酸结构，从而达到杀菌的目的。

（五）化学防治

化学防治技术主要是运用各种类型的化学药剂，以实现对病虫害的有效控制。常见的化学药剂包括杀虫剂、杀菌剂、除草剂及生长调节剂等。常用的方法如下：

1.喷洒法

将化学药剂溶解在水中，通过喷雾器，将药剂均匀喷洒在植物上，以达到病虫害防治效果。

2.土壤处理法

在播种前或种植期间，将化学药剂施入土壤中，以预防或控制通过土壤传播的病虫害。

3.种子处理法

将化学药剂与种子混合在一起，使种子在萌发和生长过程中具备抗病虫害的能力。

第二节 农药的正确使用

及药害的抢救措施

一、农药的正确使用

（一）使用原则

在使用农药时，只有遵循对症用药、适时用药、交叉用药、混合用药的原则，才能够提高药效，减少农药浪费，避免药害的发生，从而达到经济、安全、有效防治病虫害的目的。

1.对症用药

（1）明确病虫害的种类和特性

明确病虫害的种类和特性是合理选择农药的关键。不同的病虫害对农药的敏感程度和反应不同，因此，相关人员需要根据病虫害的特点选择适合的农药类型。例如，防治咀嚼式口器害虫（如蝗虫）时，应选择胃毒剂或触杀剂；而防治刺吸式口器害虫（如蚜虫）时，则需要选择内吸性强的杀虫剂。

（2）了解农药的作用机制和防治对象

了解农药的作用机制和防治对象也很重要。农药的种类繁多，每种农药都有其特定的作用方式和防治对象。因此，在选择农药时要确保所选农药能够有效针对目标病虫害，并避免对非目标生物造成不必要的伤害。

（3）注意施药方法和剂量

在使用农药时还需要注意施药方法和剂量。正确的施药方法和适合的农药剂量可以提高防治效果，减少农药残留对环境的污染。一般来说，局部喷药和地面喷药是常用的施药方法，相关人员可以根据病虫害的分布情况和严重程度选择施药方法。同时，要严格按照农药说明书上的推荐剂量进行使用，避免过量使用导致农药残留超标或污染环境。

（4）可采取一些辅助措施

为了增强药效和延长药效期，相关人员可以采取一些辅助措施。例如，在配药时可以加入适量食醋或使用农药增效剂；同时，为了提高农药黏着力，可以加入适量的展着剂。

需要强调的是，对症用药并不意味着随意使用农药。在使用农药时，相关人员必须遵守相关的法律法规和安全操作规程，确保农药的安全性和有效性。同时，也要关注抗药性问题，避免长期使用同一类型的农药导致病虫害产生抗药性。

2.适时用药

（1）了解病虫害的发生规律

了解病虫害的发生规律是适时用药的基础。在植物的不同生长阶段，以及不同的环境条件下，不同病虫害的发生规律和危害程度会有所不同。因此，相关人员要通过观察、监测了解病虫害的发生规律，掌握其发生的高峰期和薄弱环节，从而确定最佳的用药时机。

（2）根据病虫害的危害特点用药

根据病虫害的危害特点用药是非常重要的。例如，在植物的易感病期或害虫的繁殖高峰期，应进行预防控制，以防止病虫害蔓延，从而减少其对植物的危害。

（3）考虑当天的天气条件

天气条件也是影响用药时机的重要因素。一般来说，晴朗的天气有利于农药的喷施和效果的发挥，而阴雨、大风等天气则可能降低农药的效果或导致农药漂移。因此，在选择用药时间时，相关人员应考虑当天的天气情况，确保农药在合适的气象条件下喷施。

（4）注意农药的持效期和安全间隔期

农药的持效期是指农药在施用后能够保持有效防治作用的时间段，而安全间隔期则是指从最后一次用药到作物收获前所必须等待的时间。因此，在安排用药时间时，相关人员要充分考虑这些因素，确保农药的施用既能有效控制病虫害，又不会对植物的安全造成威胁。

需要强调的是，适时用药并不意味着随意增加用药次数和药量。相反，相关人员应该根据病虫害的实际情况和农药的特性，科学合理地安排用药时间和用药量，以达到最佳的防治效果。

3.交叉用药

根据病虫害的发生规律和特点，合理安排不同农药的使用时间，避免长期使用同一种农药。但需注意，不同农药的使用时间要有科学合理的间隔，避免产生不良反应。

4.混合用药

混合用药是指将两种或两种以上的农药按照一定的比例混合后，进行喷雾、浇灌。农药混配顺序要准确，一般来说，要按照微肥、水溶肥、可湿性粉剂、水分散粒剂、悬浮剂、微乳剂、水乳剂、水、乳油的顺序，将其依次加入，并充分搅拌混匀。每种农药的加入量应根据其推荐用量和防治目标来确定，避免过量使用。不能混合使用的药剂如下：

（1）化学性质不兼容的药剂

某些农药之间化学性质具有不兼容性。例如，酸性农药与碱性农药混合使用，可能会导致酸碱中和反应，从而失去各自的防治效果。因此，在混配农药前，相关人员应仔细了解每种农药的化学性质，避免将不兼容的药剂混合在一起。

（2）作用机理相冲突的药剂

有些农药的作用机理是互斥的，混合使用可能导致药效相互抵消。例如，一些杀菌剂可能会破坏某些杀虫剂的作用位点，从而减弱杀虫剂的效果。因此，在选择农药时，相关人员要确保所选农药的作用机理能够相互协同，而不是相互冲突。

（3）含有相同或相似有效成分的药剂

含有相同或相似有效成分的不同农药，一般不建议混合使用，因为混合后可能会导致有效成分过量，增加药害风险，同时也可能造成资源浪费。

（4）有特殊使用说明的药剂

部分农药在使用说明中明确指出了不能与其他药剂混合使用。这些说明通常是基于农药的特性和试验结果得出的，因此在使用这类的农药时，务必遵循其使用说明，避免与其他药剂混合。

（二）施药方法

第一，施药时，应采用喷雾法或涂抹法，确保药液能够覆盖植物的各个部位。对于叶面病虫害，应选择喷雾法；对于枝干病虫害，可采用涂抹法。在喷雾过程中，要注意控制喷雾压力和喷头与植物的距离，避免药液流失或浪费。

第二，尽量避开植物的敏感期，如花期、果期等，以免对植物造成伤害。同时，要避免在高温时段进行施药，以防止农药挥发过快或植物蒸腾作用过强导致药液浓度过高，对植物造成伤害。

（三）注意事项

第一，在使用农药前，务必仔细阅读农药的说明书，了解农药的用途、剂量、使用方法和安全预防措施。按照说明书上的推荐用量进行施用，避免过量使用。过量使用农药不仅会增加成本，还可能对植物和环境造成不必要的伤害。

第二，注意防范药害风险。在施药过程中，相关人员要密切关注植物的反应，一旦发现药害症状，应立即停止施药并采取相应措施。同时，要做好施药后的观察和记录工作，为后续防治工作提供参考依据。

二、药害的抢救措施

（一）药害的表现症状

1.斑点

斑点主要表现在植物的叶片上，有时也会出现在茎秆或果实表皮上。具体表现形式为褐斑、黄斑、枯斑等，斑点的大小和形状会有所不同。

2.黄化

这种症状主要出现在植株的茎、叶等部位上，特别是叶片上，可能导致整片叶子或植株的多个部位发黄。

3.畸形

药害可能导致植物的器官畸形，常见的植物器官畸形有卷叶、丛生、根肿、畸形穗、畸形果等。

4.枯萎

枯萎这一症状通常表现为整株植物的死亡，多是除草剂使用不当造成的。

5.生长停滞

药害可能导致植物生长缓慢，甚至停滞。生长停滞这一症状可能伴有药斑或其他药害症状。

（二）减轻药害的方法

1.喷水冲洗

当植物出现药害的表现症状时，应立即用清水对植物进行冲洗。这一步骤的目的是减缓植株对农药的吸收，并尽量将植株表面的药液冲刷掉。为了达到最佳效果，建议反复冲洗 3~4 次，这样可以有效清除或减少叶片上残留的农药。特别是对于喷施除草剂过量而产生药害的情况，此方法尤为有效。

此外，对于一些遇碱性物质易分解失效的除草剂造成的药害，可使用 0.2%

的生石灰或 0.2%碳酸钠的清水稀释液对植物进行喷洗，这一做法能明显减轻
药害。

2.灌水

首先，灌水操作简单易行，不需要特殊的设备和技能，可以快速实施。其
次，灌水能够迅速降低土壤中的农药浓度，减轻农药对植物的伤害。最后，灌
水还能促进植物恢复生长，减轻药害对植物生长发育的影响。因此，在发生药
害时，相关人员可及时采取灌水措施以降低药害程度，从而减少损失。

3.喷洒药液

首先，喷洒药液可以使药液迅速覆盖受药害的植物表面，直接作用于植物
的受药害部位，减轻药害。其次，药液中的有效成分能够快速发挥作用，促进
植物的新陈代谢和生长恢复。最后，喷洒药液这一做法还具有操作简便、成本
低廉的优点。

4.叶面追肥

（1）选择合适的肥料

根据植物的需求和药害的具体情况，选择适合的叶面肥料。例如，可以选
择含有氮、磷、钾等大量元素的肥料，以及含有微量元素和生长调节剂的复合
肥料。

（2）控制肥料浓度

叶面追肥的肥料浓度应适中，避免肥料过浓导致叶片烧伤。通常，肥料稀
释倍数应根据肥料的种类和作物的耐肥性来确定。

（3）施肥时间和频率

药害发生后，应尽早进行叶面追肥。施肥频率应根据植物的恢复情况和天
气条件来确定，一般可每隔3～5天喷施一次。

第三节　草坪杂草的种类
与综合防除

一、草坪杂草的种类

草坪杂草一般分为一年生、两年生和多年生杂草。在不同地区，或不同的生态小环境下，或不同季节，杂草的优势种群有所差别。

（一）不同地区的杂草优势种群

在华北地区，由于四季分明，夏季炎热多雨，冬季寒冷干燥，其杂草优势种群主要包括播娘蒿、荠菜、马唐、牛筋草、反枝苋、马齿苋等。这些杂草多具有耐热、耐旱和适应性强的特点。

在西北地区，由于冬季寒冷，夏季炎热，春秋多风，气候干燥，昼夜温差大，其杂草优势种群以喜冷凉、耐旱、抗寒、耐瘠薄的杂草为主，如野燕麦、雀麦、大刺儿菜等，这些杂草能在恶劣的环境条件下生存并繁衍。

长江流域的气候相对温暖湿润，热量资源丰富，水浇条件好。该地区的杂草优势种群包括日本看麦娘、菵草、硬草、大巢菜、牛繁缕等，这些杂草多具有喜湿、耐阴的特性。

在华南地区，由于冬季气候温暖，降雨丰沛，因此藿香蓟、叶下珠、飞扬草、黄花稔、马唐、牛筋草等喜温杂草占据优势，这些杂草能在高温、高湿的环境中快速生长和繁殖。

（二）不同生态小环境的杂草优势种群

1.湿润环境

在土壤湿润的草坪区域，如靠近水源或排水不畅的地方，常见的杂草包括鸭舌草、野慈姑、眼子菜等。这些杂草能够在湿润的土壤条件下生长。

2.干旱环境

在干旱或水分较少的草坪区域，常见的杂草包括马唐、牛筋草和狗尾草等。这些杂草根系发达，在干旱条件下仍能生长，具有超强的抗旱能力。

3.光照充足区域

在阳光充足、光照强烈的草坪区域，一些喜欢阳光的杂草会占据优势。例如，蒲公英、车前草和苦苣菜等杂草在光照充足的条件下生长迅速，容易成为该区域的杂草优势种群。

4.遮阴区域

在草坪的遮阴区域，如树下或建筑物旁，一些耐阴的杂草更为常见。这些杂草通常具有适应低光照条件的能力，能够在光照不足的环境中生长。

5.土壤肥沃区域

在土壤肥沃、养分丰富的草坪区域，一些竞争力强的杂草会更容易生长，这些杂草能充分利用土壤中的养分，迅速占据优势地位。

（三）不同季节的杂草优势种群

1.春季

比如，在东北地区，春季气候干燥冷凉，土地肥沃，因此杂草种群以耐寒、喜肥水的杂草为主，如藜、西伯利亚蓼、水棘针等。在华北地区，春季气候温暖湿润，杂草优势种群多为早春性杂草，如播娘蒿、荠菜、藜等。

2.夏季

随着气温的升高和降雨量的增加，稗草、狗尾草、马唐等开始大量生长，成为夏季的优势种群。同时，一些阔叶杂草，如马齿苋、铁苋菜等也在夏季达到生长高峰。

3.秋季

在秋季，随着气温的降低和光照强度的减弱，一些杂草开始进入休眠期或结实期。但此时，一些越年生杂草，如荠菜、葶苈等开始发芽出苗，为来年的生长做准备。

4.冬季

在冬季，大部分杂草进入休眠状态，但一些耐寒性强的杂草，如日本看麦娘等，仍能保持一定的生长势头。

二、草坪杂草的综合防除

草坪杂草的防除方法很多，依照作用原理可分为人工拔除、生物防除、合理修剪、化学防除等。从理论上讲，生物防除是草坪杂草防除的最佳方法，即对草坪进行合理的水肥管理，以促进草坪的生长，增强草坪与杂草竞争的能力。运用生物防除方法，辅以科学修剪，能够抑制杂草的生长，从而达到预防为主、综合治理的目的。

（一）人工拔除

在进行人工拔除时，建议按照区、片、块进行划分，并定人、定量、定时地完成除草工作。拔出的杂草应及时放于垃圾桶内，不可随处乱放，以免对草坪环境造成二次污染。同时，除草工作应按块、片、区依次完成，确保整个草坪区域的杂草得到有效控制。

（二）生物防除

生物防除一般指的是利用生物拮抗抑制杂草的方法。生物拮抗是指微生物之间的互相抵制、互相排斥。

第一，可以引入天敌昆虫来控制杂草。有些昆虫是专门以杂草为食的，比如一些草食性昆虫及其幼虫会大量啃食杂草的叶片和茎部，从而抑制杂草的生长。此外，还有一些寄生性昆虫，它们能够在杂草体内寄生并吸取营养，最终导致杂草死亡。

第二，利用病原微生物防除杂草也是一种有效的生物拮抗方法。例如，一些真菌、细菌或病毒能够感染杂草并导致其死亡。这些病原微生物可以通过喷雾、灌溉等方式被施用到草坪上，从而实现对杂草的控制。但需要注意的是，在使用病原微生物进行杂草防除时，要确保选用的病原微生物只对目标杂草有效，而对其他植物无害。

第三，还可以利用植物之间的竞争关系来抑制杂草的生长。一些具有强烈竞争力的草坪草种能够通过吸收更多的养分和水分来占据优势地位，从而压缩杂草的生长空间。因此，在草坪建植时，相关人员可以选择那些竞争力强、适应性好的草坪草种，以减少杂草入侵现象。

（三）合理修剪

确定合适的修剪高度是抑制杂草生长的有效步骤。修剪高度过低可能会损伤草根，影响草坪的健康和恢复能力；而修剪高度过高则可能使草坪显得杂乱，并给杂草留下生长空间。因此，应根据草坪草种的特点和生长环境，选择适当的修剪高度。一般来说，修剪高度应保持在草坪草种推荐的高度范围内，这有助于增加草坪的密度和覆盖率，从而抑制杂草生长。

定期修剪是保持草坪整洁、抑制杂草生长的关键，植物的生长速度因季节而异，因此修剪频率也应进行相应调整。在植物生长旺盛的春季和夏季，应增加修剪次数，以保持草坪的整洁和美观；而在植物生长较慢的秋季和冬季，可以适当减少修剪次数。

（四）化学防除

1.除草剂的应用

（1）遵循施用原则

对于新建未成熟的草坪，在施用除草剂前，应确保草坪已经修剪过数次。如需提前施药，应选用对草坪幼苗无害的除草剂。

对于新铺草皮，避免在草坪植物充分扎根前使用除草剂。施药前不要对草坪进行修剪，以确保杂草有足够的叶组织接触除草剂。施药后一段时间内不要修剪，以确保除草剂能正常发挥作用。

施药时间应选择在杂草生长旺盛时期，并在无风的天气条件下进行，气温控制在 18～29 ℃之间，避免因高温导致除草剂蒸发飘散，从而对草坪植物造成伤害。

（2）芽前与芽后处理

芽前处理：在杂草种子发芽形成幼苗前大约两周，施用除草剂进行预防。

芽后处理：在禾本科杂草幼苗 3～5 叶期，施用除草剂进行治理。每两周重复一次，直至杂草得到有效控制。

2.化学防除的发展趋势

（1）高效低毒除草剂的研发

随着科技的进步，越来越多的高效低毒除草剂被研发出来。这些除草剂不仅除草效果好，而且对环境和草坪植物本身的伤害较小。在未来，除草剂研发将更加注重环保，力求在保证除草效果的同时，减少对环境的负面影响。

（2）精准施药技术的应用

随着精准农业理念的推广，精准施药技术也逐渐应用到草坪杂草的化学防除中。这种技术能够精确控制施药量、施药时间和施药区域，实现对杂草的精准打击，减少除草剂的浪费和对环境的污染。在未来，随着无人机、智能喷雾控制系统等先进设备的普及，精准施药技术将得到更广泛的应用。

（3）环保理念的融入

在草坪杂草的化学防除中，人们越来越重视环保理念的融入。例如，选择对环境影响小的除草剂、优化施药方式、减少施药次数等。

（4）杂草抗药性管理研究

随着除草剂的长期使用，一些杂草会逐渐产生了抗药性。为了解决这一问题，杂草抗药性管理研究成为热点。研究人员通过深入研究杂草抗药性的产生机制，开发新型的除草剂，以克服杂草的抗药性，提高除草效果。

（5）智能化除草装备的发展

随着物联网、大数据、人工智能等技术的快速发展，智能化除草装备成为一个新的发展趋势。这些装备能够实时监控草坪的生长状况、杂草的分布和数量等信息，并根据这些信息自动调整施药方案，进行精准、高效的除草作业。同时，智能化装备还可以减少人力成本，提高除草效率。

第八章　园林树木的养护管理

第一节　园林树木的日常养护

一、水肥管理

（一）喷水保湿

1.喷水方法与工具

常用的喷水方法包括人工喷水、机械喷水和自动喷水等。人工喷水适用于小面积园林或特殊区域的树木养护，而机械喷水和自动喷水则适用于大面积园林的树木养护。在工具方面，可以使用喷壶、喷枪、喷灌设备等。相关人员可根据具体情况选择合适的工具对园林树木进行喷水保湿。

2.喷水保湿的时间与频率

喷水保湿的时间应根据树木的生长需求和环境条件来确定。在春夏季节，树木生长旺盛，需要更多的水分，因此喷水保湿的频率应相应增加。在秋冬季节，树木生长缓慢，水分需求减少，但也要注意防旱问题。此外，应在早晨或傍晚进行喷水保湿，以减少水分的蒸发。

（二）灌水

1.灌水时间与频率

灌水时间的选择应充分考虑树木的生长需求和当地的气候条件。一般来说，树木在生长期需要充足的水分，特别是在春季和夏季，应增加灌水的频率。而在秋季和冬季，由于树木进入休眠期，需水量减少，可适当减少灌水次数。具体频率应根据树木的种类、树龄、土壤湿度和天气情况等因素来确定。

2.灌溉方式

灌溉方式有多种，如地面灌溉、喷灌、滴灌等。选择何种灌溉方式，应根据实际情况而定。地面灌溉简单易行，但易造成水资源的浪费；喷灌覆盖面广，但可能造成水分蒸发过快；滴灌节水效果好，但成本较高。因此，在选择灌溉方式时，应综合考虑成本和灌溉效果等因素。

3.灌水量与水源

灌水量应根据树木的需水量和土壤保水能力来确定。灌水过多会导致树木根部积水，影响树木的正常生长；而灌水不足则会使树木缺水，影响其生长速度和健康状况。选择水源时，应确保水质清洁、无污染，以避免对树木造成损害。

4.灌水位置与深度

灌水时应尽量围绕树冠滴水线进行，避免直接浇灌树干或树冠。灌水深度应以使水分能够渗透到根系的主要分布区域，确保根系充分吸收水分为标准。同时，要注意避免灌水过浅或过深，以免影响树木的生长。

5.灌水后中耕管理

灌水后，应及时进行中耕管理，以促进水分的渗透和树木根系的呼吸。中耕深度应适中，避免损伤树木根系。同时，要注意清除杂草。

（三）施肥

适时补肥是保证树木健壮生长的重要环节。为降低养护成本，不施肥或是少施肥，常会导致树木生长缓慢、易遭受病虫害，观赏效果差。

1.叶面追肥

（1）叶面肥种类

叶面肥的种类繁多，常见的有磷酸二氢钾、氨基酸叶面肥等。不同种类的叶面肥具有不同的营养成分和功效,相关人员应根据树木的生长需求和土壤条件选择合适的叶面肥。

（2）叶面肥使用浓度与用量

叶面肥的使用浓度和用量是影响叶面追肥效果的关键因素。一般来说,使用浓度不宜过高,以免烧伤树叶。用量则应根据树木的大小、生长情况和肥料种类来确定。在使用过程中,如有相关问题应参考肥料的使用说明书或咨询专业人士。

（3）喷施时间与频率

喷施叶面肥的时间通常选择在树木生长旺盛期,如春季和夏季。在一天中,早晨或傍晚是较为适宜的喷施时间,以避免高温时叶片蒸腾过快导致肥料流失。喷施频率应根据树木的生长情况和肥料种类来确定,一般为每周或每两周喷施一次。

2.土壤施肥

（1）有机肥施用

有机肥含有丰富的有机质和微生物,能够改善土壤结构,提高土壤肥力。常见的有机肥包括腐熟的动植物残体、农家肥等。在施用有机肥时,相关人员应注意控制施肥量和施肥频率,避免过量施肥造成土壤污染和树木生长不良。

（2）矿物肥料施用

矿物肥料能够为树木提供大量营养元素。常见的矿物肥料有氮肥、磷肥、钾肥等。在施用矿物肥料时,相关人员应根据树木的生长需求和土壤条件进行合理搭配,确保树木能够均衡吸收营养。同时,要注意控制施肥量和施肥频率,防止造成树木养分过量或不足。

（3）绿肥种植

绿肥是用绿色植物体制成的肥料。相关人员可通过种植一些生长迅速、养分含量高的绿肥作物,然后将植物残体翻入土壤中,来增加土壤有机质和提高微生物活性。绿肥种植不仅可以改善土壤环境,还能为树木持续提供养分。

（4）微量元素补充

微量元素是树木生长不可或缺的营养成分。树木虽然对其需求量不大，但如果缺乏微量元素则会生长受限。因此，在土壤施肥过程中，相关人员应注意微量元素的补充。可以通过施用含有微量元素的肥料等方式进行补充。

（5）施肥方式选择

应根据树木的生长阶段、土壤条件和肥料种类等因素来确定施肥方式。常见的施肥方式有环状沟施、放射状沟施、全面撒施等。在选择施肥方式时，相关人员应确保肥料能够均匀分布在根系周围，以便于树木吸收。

（6）施肥注意事项

在进行土壤施肥时，相关人员需要注意以下几点：首先，了解树木的养分需求和土壤条件，制订合理的施肥计划；其次，遵循"少量多次"的原则，避免一次性施肥过多造成资源浪费和环境污染；再次，注意施肥与灌溉的配合，确保肥料能够充分溶解并被树木吸收；最后，定期检查施肥效果，根据树木生长情况灵活调整施肥方案。

二、中耕除草

（一）中耕主要目的与时机

中耕的主要目的是疏松土壤，改善土壤透气性，为树木根系提供良好的生长环境。同时，中耕还能减少土壤水分蒸发，提高土壤保水能力。

中耕的时机通常选择在土壤湿度适中、天气晴朗的时候进行。在树木生长旺盛期，如春季和夏季，可以适当增加中耕频次。而在秋季和冬季，由于树木生长缓慢，中耕频次可以适当减少。

（二）除草原则与技巧

除草的主要原则是"除早、除小、除了"，即在杂草生长初期及时清除，避免杂草与树木争夺养分和水分。除草时，应注意保护树木根系，避免对根系造成损伤。

在除草技巧方面，可以采用人工除草和化学除草相结合的方式。人工除草适用于面积较小、杂草较少的情况，工作人员可以使用锄头、铁锹等工具进行。化学除草则适用于面积较大、杂草较多的情况，但应注意选择对树木无害的除草剂，并按照说明书正确操作。

（三）中耕深度与范围

确定合适的中耕深度和范围对于树木的生长至关重要。一般来说，中耕的深度应控制在 10～20 cm，以避免损伤根系。中耕范围的确定应以树木的树冠投影边缘为基准，向外扩展 25～50 cm 的半径范围。

在实际操作中，工作人员可以根据树木的种类、生长状况和土壤条件等因素来调整中耕的深度和范围。对于根系较浅的树种，中耕深度应适当浅一些；对于根系发达的树种，则可以适当增加中耕深度。同时，在土壤贫瘠或板结的地方，可以适当扩大中耕范围，以改善土壤环境。

（四）中耕除草的频次与注意事项

中耕除草的频次通常根据树木的生长情况和杂草的滋生情况来确定。一般来说，每年进行 1～2 次中耕除草即可。但需要注意的是，在树木生长旺盛期或遇到连续阴雨天气时，工作人员应及时进行中耕除草，以保持土壤的良好状态。

在进行中耕除草时，工作人员还需注意以下几点：

①避免在雨天或大风天气进行中耕除草，以免破坏土壤结构或造成肥料流失。

②中耕除草后应及时清理杂草和杂物，以保持地面整洁。

③定期检查树木生长情况，根据需要及时调整中耕除草方案。

三、防寒防冻

（一）灌冻水稳定地温

在土壤封冻前，工作人员需要对树木，尤其是新栽植的树木灌一次水，称为"灌冻水"。灌冻水的时间不宜过早，否则会影响树木的抗寒能力，一般在"日化夜冻"期间灌水为宜。灌冻水既可以保证树木在冬季得到充足的水分供应，同时也有助于稳定地温，防止温度骤降对树木造成的冻害。

（二）涂白枝干防冻害

为枝干进行涂白是避免树木受寒受冻的重要措施之一。涂白剂一般由生石灰、食盐、硫磺粉、水等混合而成。将其涂抹在树干上可以使枝干有效反射阳光，从而缩小树干的昼夜温差，避免冻害发生。同时，涂白剂还能杀灭树皮内的越冬害虫，预防来年病虫害的发生。

（三）主干包草减轻冻害

对于不耐寒的树木，尤其是新栽树，工作人员可以用草绳或稻草将主干包起来，以减轻树木受冻害的程度。进行主干包草时，要注意包裹得紧实、无缝隙，以免寒风侵入。同时，对于较大的枝干，也可以采用同样的方法，以减少冻害现象。

（四）根颈培土防冻伤根

根颈是树木最易受冻害的部位，因此在冬季，工作人员需要对树木的根颈进行培土保护。培土的高度通常在 20～30 cm，培至根颈以上 10～15 cm 处为宜。培土时要确保土壤紧实，以减少寒风侵袭造成的伤害。

（五）覆土保护乔灌木

对于较矮的乔灌木，工作人员可以采用覆土的方式进行保护。先盖一层干草或草帘，再覆土压实，以避免树木因土壤解冻而发生倒伏。覆土时要确保土壤厚度适中，以保持树木根部温度的稳定。

（六）扣筐扣盆护矮小植株

对于一些矮小的花灌木，工作人员可以采用扣筐或扣盆的方法进行防寒保护。工作人员可在树木周围用铁丝等物固定一个稍大于树冠的筐或盆，内填锯末、碎草等保温材料，上面再覆盖一层塑料薄膜或草帘，以保持内部温度稳定，避免发生冻害。

（七）喷施防冻液增加营养

在秋末冬初，对树木喷施防冻液可以增强其抗寒能力。防冻液富含多种营养成分及抗冻因子，可以有效增加细胞液的浓度，提高树木的抗冻性。喷施时，工作人员要注意控制防冻液的浓度和用量，避免对树木造成不必要的伤害。

（八）修剪施肥促休眠存养

在树木进入休眠期前，工作人员应对其进行适当的修剪和施肥。修剪的目的主要是去除病虫枝、弱枝、徒长枝等，保持树形美观。施肥时，肥料的选择以有机肥为主，目的在于为树木提供充足的营养储备，使其应对冬季的严寒。

四、保护和修补

（一）树干伤口治疗

1.伤口清洁与消毒

对于树干上的伤口，首先要进行彻底的清洁和消毒。使用锋利的刀具将伤口周围的坏死组织清理干净，确保伤口边缘平整。然后，用稀释后的消毒剂对